Bibliothek

für ländliche Reparatur-Werkstätten

Praktische Wegweiser für Landschmiede, Landschlosser, Gutsschmieden etc. zur Ausführung von Reparaturen an Kraftfahrzeugen, Landmaschinen etc.

—

Herausgegeben im Verein mit
ersten Spezialwerkmeistern und
Fachverbänden von

Oberingenieur Mayer-Sidd
München

—

Band II

Die Bodenbearbeitungsmaschinen und ihre Reparatur.

Mit 43 Abbildungen

M·KRAYN
BERLIN·W·
1929

Vorwort

Nachdem im ersten Band die hauptsächlichsten Maschinen und Apparate für ländliche Reparaturwerkstätten und die wichtigsten Arbeitsverfahren, soweit dieselben nicht als bekannt vorausgesetzt werden müssen, behandelt wurden, gehen wir nun im vorliegenden und in den folgenden Bändchen auf die einzelnen Reparaturarbeiten, wie solche in ländlichen Werkstätten auszuführen sind, des Näheren ein. Wir beginnen mit den landwirtschaftlichen Maschinen und Geräten und halten dabei die Reihenfolge der Feldbestellungsarbeiten ein. Im vorliegenden Bändchen sollen die Bodenbearbeitungs-Maschinen und die an ihnen auftretenden Reparaturen den Gegenstand unserer Betrachtungen bilden. Wir legen dabei Wert darauf, dem Werkstätteninhaber nicht nur Anleitungen zu Reparaturarbeiten zu geben, sondern ihm auch zu zeigen, welche Maschinentypen für die einzelnen Bodenarbeiten in Frage kommen, ihn ferner in die Lage zu versetzen, Ersatzteile sachgemäß zu bestellen und auszuwechseln. Der Werkstättenbesitzer auf dem Lande wird heute meist auch vorteilhaft einen mehr oder minder ausgedehnten Handel mit Maschinen betreiben; für einen Erfolg auf diesem Gebiet ist es ausschlaggebend, daß er die für seine Gegend in Frage kommenden Maschinentypen anbietet und womöglich auch vorrätig hat, daß er ferner auch ein Lager der wichtigsten, d. h. am häufigsten auszuwechselnden Teile unterhält. Wirkt er dann immer wieder mündlich, durch Zirkulare, Inserate usw. auf seine Kunden ein, die Herstellungsarbeiten an ihren Maschinen beizeiten ausführen zu lassen, so bekommen die Landwirte immmer mehr Zutrauen zu seiner Werkstatt, und es wird an Arbeit nicht mangeln. Kein Maschinenbesitzer kann und will weniger auf Reparaturen warten, als der Bäuer, darum sorge man dafür, daß man diese Kundschaft immer rasch und sachgemäß bedienen kann.

München, September 1928.

Oberingenieur Mayer-Sidd

Geräte und Maschinen zur Bodenbearbeitung und ihre Reparatur.

Es steht uns heute in Deutschland und überhaupt in Europa nicht mehr der jungfräuliche Boden zur Verfügung, wie etwa in Südamerika oder in Kanada; wir mußten unserem Boden im Laufe der Jahrhunderte und der Jahrzehnte immer mehr abringen. Soll eine ertragreiche Ernte erzielt werden, so bildet eine gute Bodenbearbeitung die unerläßliche Vorbedingung hierzu; nur durch eine sachgemäße Bodenbehandlung werden der Pflanze die zu ihrem Gedeihen notwendigen Lebensbedingungen geschaffen. Diese Bedingungen gipfeln hauptsächlich in zwei Forderungen: Die Grundfeuchtigkeit muß, soll auf dem Boden ein üppiges Pflanzenwachstum möglich sein, in die oberen Schichten aufsteigen können. Dies ist aber nur durch die sogenannte Haarröhren- oder Kapillarröhrenwirkung möglich; wenn der Boden nur enge Zwischenräume aufweist, so steigt in ihm kraft dieser Wirkung die Grundfeuchtigkeit hoch, ganz ebenso wie in einem Docht das Oel nach der Flamme zieht. Ferner aber muß zu einem ersprießlichen Wachstum dem Boden reichlich Luft zugeführt werden. Der Schwerpunkt der ganzen Feldbestellung liegt in der Gare; eine der Hauptvorbedingungen für die Gare ist eine gute, gleichmäßige Durchlüftung des Bodens, die ausschließlich durch eine intensive Bearbeitung des Bodens und durch ein Brechen der Krusten zu erreichen ist. Den Boden so aufzuschließen, daß diese Voraussetzungen zu einer ausreichenden Fruchtbarkeit des Bodens gegeben sind, das ist die Aufgabe der Maschinen und Geräte für die Bodenbearbeitung. Es kommt diesen also in der ganzen Feldbestellung eine ausschlaggebende Bedeutung zu, und demgemäß müssen diese Geräte auch zweckdienlichst ausgewählt, behandelt und in stets gutem Zustand gehalten werden.

Wir können diese Bodenbearbeitungsgeräte unterscheiden in:

a) Pflüge aller Art,

b) Eggen,

c) Walzen, Schleifen und dergl.

Mit diesen einzelnen Geräten wollen wir uns im Nachfolgenden beschäftigen.

Kapitel I.

Die Pflüge.

Jeder Pflug hat die Aufgabe, den Boden zu lockern, zu wenden und zu mischen. Die Absicht beim Pflügen kann eine verschiedene sein: Man kann die Saatfurche herstellen, man kann den Dünger unterbringen, oder aber man kann die Wurzeln vom Unkraut durchschneiden und zum Absterben bringen wollen.

Von größter Bedeutung ist für jeden Zweck die Wahl einer dem zu pflügenden Boden angepaßten Pflugkörperform. Die hauptsächlich vorkommenden Bodenformen lassen sich in nachstehende Gruppen unterscheiden:

Gruppe I leichte Bodenarten	Gruppe II leichte bis mittelschwere Bodenarten	Gruppe III	Gruppe IV mittelschwere bis schwere Bodenarten	Gruppe V sehr schwere Bodenarten
Sand	Humus	Kalk	Lehm	Ton
Kalkhaltiger Sand	Toniger Humus	Lehm-Mergel	Kalkhaltiger milder Lehm	Kalkhaltiger Ton
Lehmiger Sand	Lehmiger Humus	Sand-Mergel	Mittelschwerer Lehm	Sehr schwerer Lehm u. Ton
Humoser Sand	Sandiger Humus		Humoser Lehm	Humoser Ton
			Sandiger Lehm	Tonmergel

Um dem Leser zunächst eine Uebersicht zu geben über die wichtigsten Einzelteile eines Pfluges und deren Benennung, sei hier Abbildung 1 eingeschaltet, die auch für zweckentsprechende Ersatzteilbestellungen gute Dienste leistet. Die Abbildung 1 stellt einen Universal-Stelzpflug System Eberhardt (Gebr. Eberhardt, Ulm a. Donau) dar. Die Eberhardt'schen Pflüge stellen mit den Sack'schen (Maschinenfabrik Rudolf Sack in Leipzig) die bekanntesten und verbreitesten

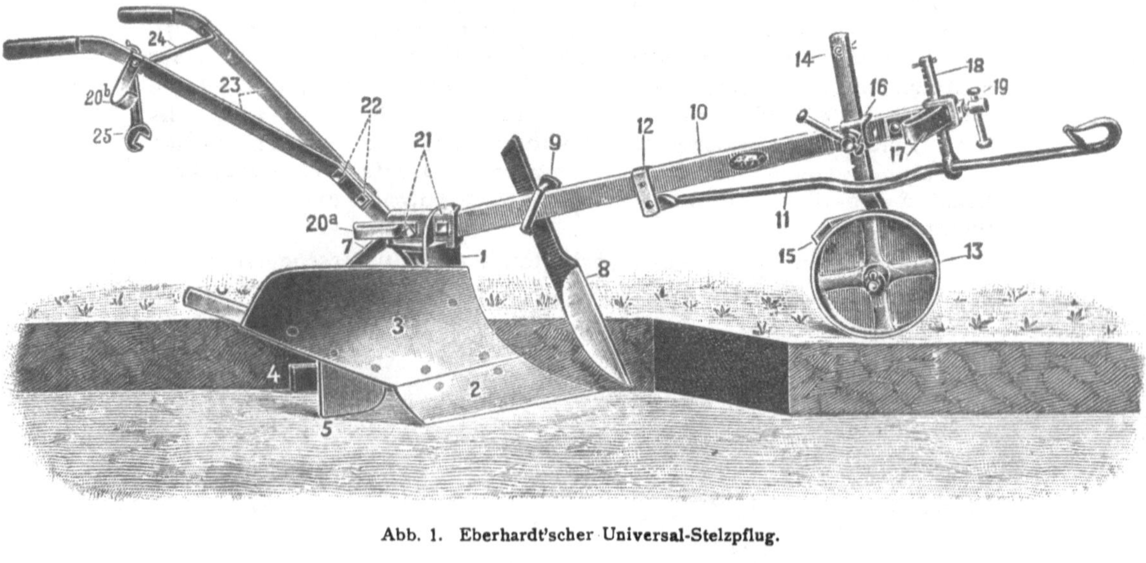

Abb. 1. Eberhardt'scher Universal-Stelzpflug.

Systeme in ganz Deutschland dar, so daß wir uns mit ihnen hauptsächlich beschäftigen müssen. Die Einzelbenennungen für die Abb. 1 sind nachstehend zusammengestellt:

1. Brust
3. Riester
2. Schar
4. Sohle
5. Riestersohle
6. Streichschiene
7. Riesterstütze

(1.–7.: Körper)

14. Achse zum Rad
8. Messersech
9. Sechhalter
10. Grindel
11. Zugstange
12. Zugbügel
13. Rad
15. Abstreifer
16. Bügel zum Stelzrad
17. Zugstellbogen
18. Stellstange zur Zugstange
19. Bügel mit Knebelschraube zur Stellstange
20a. Fürbenklammer (Halter für das Pflugschäufelchen)
20b. Fürbenhaken
21. Grindelschrauben
22. Sterzenschrauben
23. Sterzenpaar
24. Sterzensteg
25. Schraubenschlüssel

Die Teile 1—7 stellen den Pflugkörper dar. Die Abb. 2 gibt uns einen Eberhardt'schen Pflugkörper gesondert. Die Brust a (auch Pflughaupt oder Griessäule genannt) ist entweder aus Stahl geschmiedet oder nach einem besonderen Verfahren gepreßt oder aus

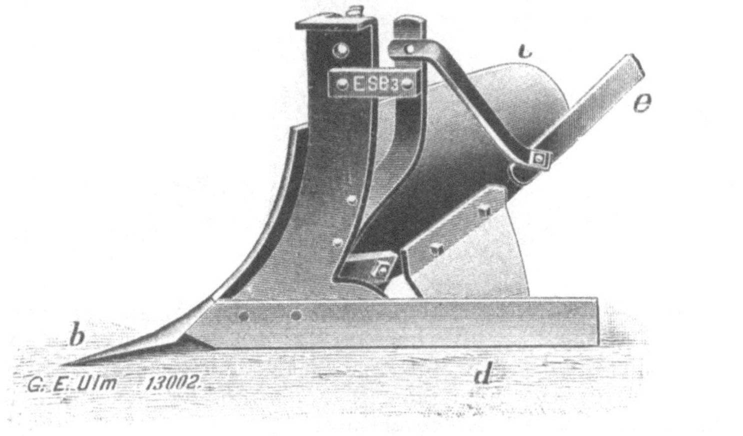

Abb. 2. Eberhardt'scher Pflugkörper.

bestem Stahlguß hergestellt. Die Brust ist bei den Eberhardt'schen Pflügen in geschützter Stellung, d. h. so eingebaut, daß sie sich nicht abnützen kann. Dadurch ist Gewähr für ein dauernd gleichmäßiges Passen von Ersatzteilen gegeben, und der Körper behält immer seine gute Form bei.

Der Schar b ist aus hochwertigem Spezialstahl gefertigt, nach Lehren passend gearbeitet und gut gehärtet. An der Schneide weist es bei großer Härte noch genügend Zähigkeit auf, so daß lange Haltbarkeit der Schneide gewährleistet ist. Da alle von der Fabrik gelieferten Schare die richtige Arbeitshärte schon haben und geschliffen sind, ist ein Härten und Schleifen vor Beginn der Arbeit nicht notwendig. Der Riester c (Streichbrett) besteht aus dreischichtigem Panzerstahl mit glasharten Außenschichten und einem weichen Kern zur Erhaltung der nötigen Zähigkeit. Die verstellbare Streichschiene e ist wie die Sohle d aus härtbarem Schmiedestahl gefertigt. Die Sohle wird außerdem an ihrem hinteren Ende gehärtet und teilweise mit einem Schleifklotz versehen. Alle diese Teile sind mit größter Genauigkeit gearbeitet und so miteinander verschraubt, daß jedes für sich auswechselbar ist. Für alle Auswechselungarbeiten ist es stets von größtem Vorteil, das entsprechende Ersatzteil von der Erbauerfirma zu beziehen, da nur hierdurch eine Gewähr für genaues Passen geboten wird. Die Selbstanfertigung von Ersatzteilen rentiert sich nur in den allerseltensten Fällen. Die Arbeitsfläche von Schar und Riester ist bei den neuen Eberhardt-Pflügen sehr feinpoliert, was auch in stark klebendem Boden ein leichtes Abgleiten ermöglicht.

Der Pflugkörper stellt den wichtigsten Teil eines Pfluges dar. Die große Zahl der Pflugkörperarten läßt sich bei den Eberhardt'schen Pflügen auf drei Hauptformen zurückführen.

Abb. 3a.

Die Ruchadloform (Abb. 3 a) mit steilansteigendem kurzen Riester (Streichbrett) ist die Körperform für naturlockere, sandige Böden. Mit ihr wird die Ackerkrume gut durchgearbeitet und lose aufgeschüttet zurückgelassen. Die Anwendung der Ruchadloform ist auf leichte Bodenarten beschränkt.

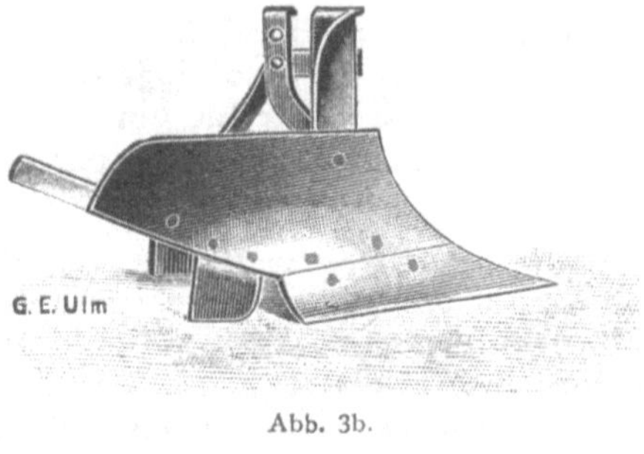

Abb. 3b.

Die Kulturform (Abb. 3 b) ist gekennzeichnet durch ein zylindrisch gewölbtes Riester, das größtenteils weniger steil gebaut ist als bei der Ruchadloform. Auch das Schar hat meistens einen spitzeren Schnittwinkel, besonders für schwerere Bodenarbeiten. Im allgemeinen findet die Kulturform für mittlere Bodenarten und zum Ackern auf größere Tiefe Verwendung.

Die gewundene Form (Abb. 3 c) mit schraubenförmig gewundenem Riester ist besonders für schwere und schwerste Böden geschaffen. Auch da, wo es auf ein völliges Umlegen des Furchen-

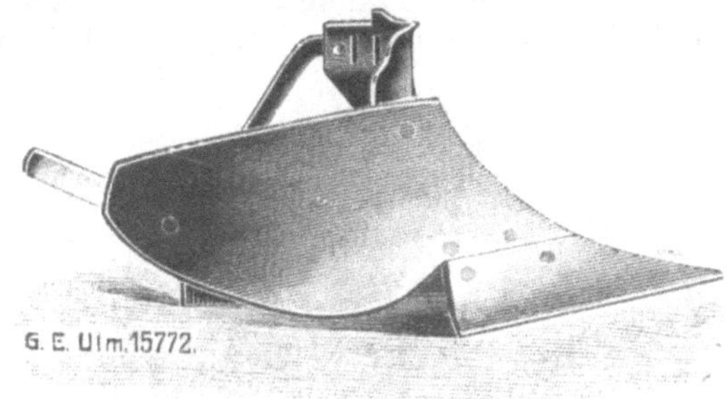

Abb. 3c.

balkens ankommt, wie beim Umbrechen von Wiesen, ist die gewundene Form anzuwenden. Durch steiler oder flacher gestellte Riester wird der jeweils zu bearbeitende Boden gut gelockert und gekrümelt.

Erwähnt sei als Spezialkonstruktion das Eberhardt-Rundsech mit Rollenkorb. Dasselbe kann vor den Körpern der meisten

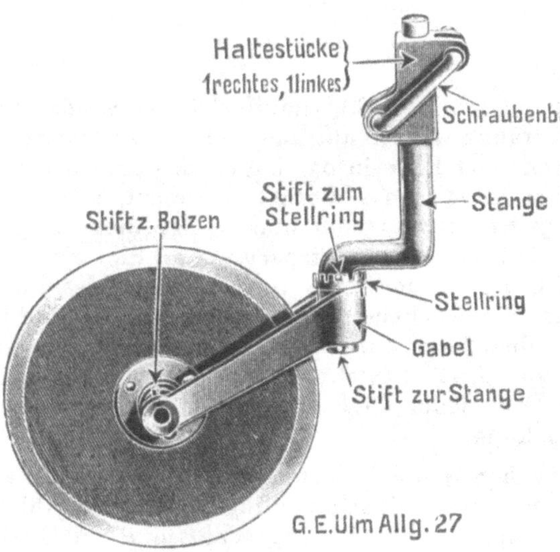

Abb. 4.

Pflüge angebracht werden und leistet besonders in unkrautreichen und verwachsenen Böden vorzügliche Dienste. Die scharfgeschliffene Scheibe (Abb. 4 und 5) schneidet rotierend eine reine Furchenwand vor und verhindert dadurch ein Verstopfen des Pfluges. Außerdem wird die vordere Riesterkante des nachfolgenden Körpers gegen vorzeitige Abnützung geschützt. Die Rundsech-Scheibe ist auf einem Rollenkorb gelagert (Abb. 5). Um die dadurch erzielte leichte Umdrehung dauernd zu erhalten, muß die Nabe stets mit gutem, konsistentem Fett (nicht Oel!) gefüllt sein. Zum Schmieren nehme man die Verschlußschraube ab, schraube dann die fettgefüllte Staufferbüchse ein und presse dadurch Fett in die Nabe. Dabei ist die Rundsech-Scheibe zu drehen, damit sich das Fett gleichmäßig verteilt. Nach

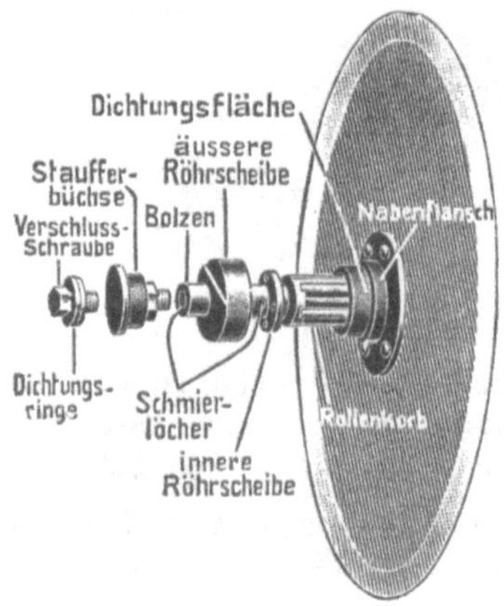

Abb. 5.

dem Schmieren nehme man die Staufferbüchse wieder heraus, setze die Verschlußschraube wieder auf und ziehe diese fest an. Jedes Eindringen von Sand oder Erde in das Lager ist peinlichst zu vermeiden. Wenn ein solcher Pflug in die Werkstatt kommt, so nehme man stets die Rundsechlagerung auseinander und reinige dieselbe gründlich. In der Rundsechgabel ist eine Aussparung, in die ein Anschlag des Stellringes greift, um ein seitliches Ausschwingen des Rundseches um den Zapfen der Rundsechstange zu begrenzen. Dadurch wird das Rundsech, vor allem beim Zurückstoßen, vor starker seitlicher Beanspruchung und vor Bruch bewahrt. Der Stift zum Stellring gestattet, daß das Rundsech in jeder Lage der Stange in der Fahrtrichtung eingestellt werden kann.

Nicht unerwähnt bleiben dürfen die Pflugradnaben-Ausführungen bei den Eberhardt'schen Pflügen. Unsere Abb. 6 zeigt die Nabe mit Fettkammer, Abb. 7 die geschlossene und auswechselbare Einheitsnabe. Es bezeichnen in Abb. 6:

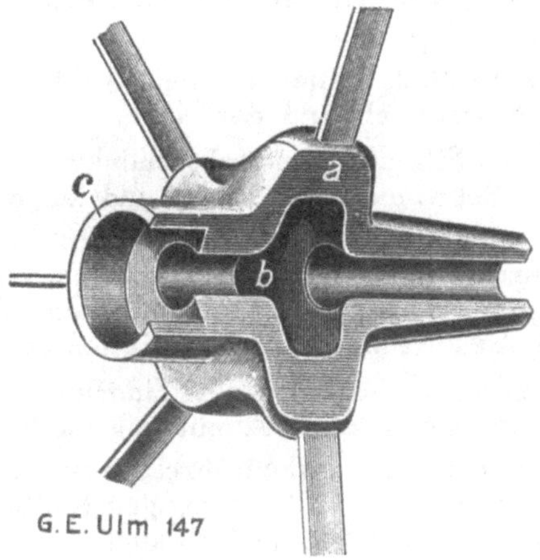

Abb. 6.

a) Nabe mit eingegossenen Speichen,
b) Fettkammer,
c) Hinteren Teil der Nabe.

Ferner in Abb. 7:

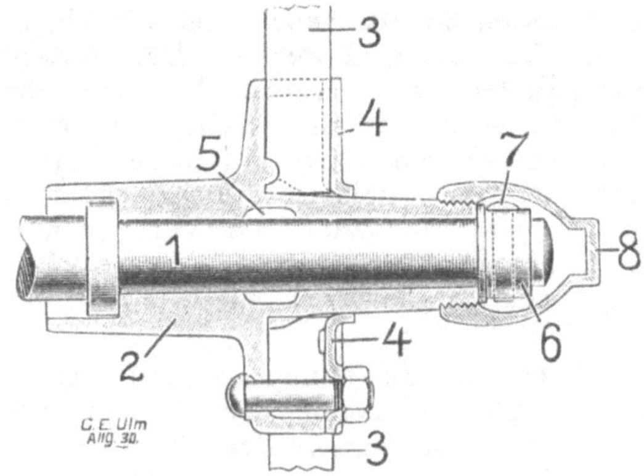

Abb. 7.

1. Achsschenkel mit Bund,
2. Naben-Röhre mit festem Flansch und langem Kotring,
3. Speichen,
4. Naben-Deckel,
5. Fettkammer,
6. Röhrkapsel,
7. Stift,
8. Verschlußkapsel.

Als Vorteile der geschlossenen und auswechselbaren Einheitsnabe sind zu nennen:

Lange Achsschenkel, daher geringe Reibung und geringe Abnützung des Achsschenkels und der Nabe,

Gut passenden Sitz auf dem Achsschenkel auch in der Längsrichtung, daher kein Schwanken des Rades und längere Haltbarkeit,

vollständig staubdichten Verschluß durch die Verschlußkapsel außen, innen durch den weit über den Achsbund hinausragenden Kotring der Nabe und das am Achsbund austretende Fett, dabei beste und sparsamste Ausnützung des Schmierfettes und schwache Reibung.

Stets reinen Achsschenkel, kein Eindringen von Schmutz beim Nachschmieren und somit keine Abnützung infolge Verschmutzens, -

Auswechselbarkeit der Nabenröhre, wenn sie einmal ausgelaufen ist, unter Weiterverwendung aller sonstigen Radteile, also billig in der Neuanschaffung und vor allem im Gebrauch.

Beim Schmieren der Einheitsnabe wird mit der Verschlußkapsel so viel Fett in die Nabe hineingedrückt, bis sich dieses unter Drehen des Rades am Achsbund herauspreßt.

Erwähnt sei noch, daß häufig, besonders bei größerem Tiefgang, Vorpflüge, und beim Unterpflügen von Langmist oder Gründünger Düngereinleger verwendet werden. Beide werden durch einen einfachen Halter am Grindel des Pfluges befestigt. Der Vorpflug hat die Aufgabe, hauptsächlich bei sehr verwachsenem Boden, die Stoppel- oder Grasschicht abzuheben und seitlich an das geackerte Land bzw. in die Vorfurche zu werfen. Der Hinterpflugkörper, der dann die untere Bodenlage zu wenden hat, überschüttet mit dieser die vom Vorpfluge in die offene Furche geworfene Stoppel- oder Grasschicht. Hierdurch wird eine raschere Verwesung und gute Düngung erzielt, der Boden selbst gut umgelegt und gekrümelt. Der Düngereinleger verhütet vor allem ein Verstopfen des Pfluges und ist somit wichtig für schnelles, sauberes Ackern. Beim Unterpflügen von Gründünger oder Stallmist macht er eine zweite Arbeitskraft entbehrlich.

Nachdem wir hiermit die Hauptkonstruktionsteile der Eberhardtschen Pflüge kennengelernt haben, seien in den nachfolgenden zwei Abbildungen noch die Benennungen der Einzelteile zusammengestellt. In Abbildung 8 und der beigefügten Tabelle finden wir die Benennungen der Einzelteile von den Einscharpflügen mit Vordergestell für Selbstführung; in Abbildung 9 und der dazu gehörigen Tabelle die der Einzelteile zu den zweirädrigen Mehrscharpflügen mit Differentialräderstellung.

Um eine gleichbleibend gute Pflugarbeit zu erzielen, und um keine Zugkraft zu verschwenden, müssen die Schare und das Sech stets scharf gehalten werden. Wir geben daher im Nachfolgenden eine Anleitung zum Schärfen und Härten stumpf gewordener Eberhardt'scher Schare.

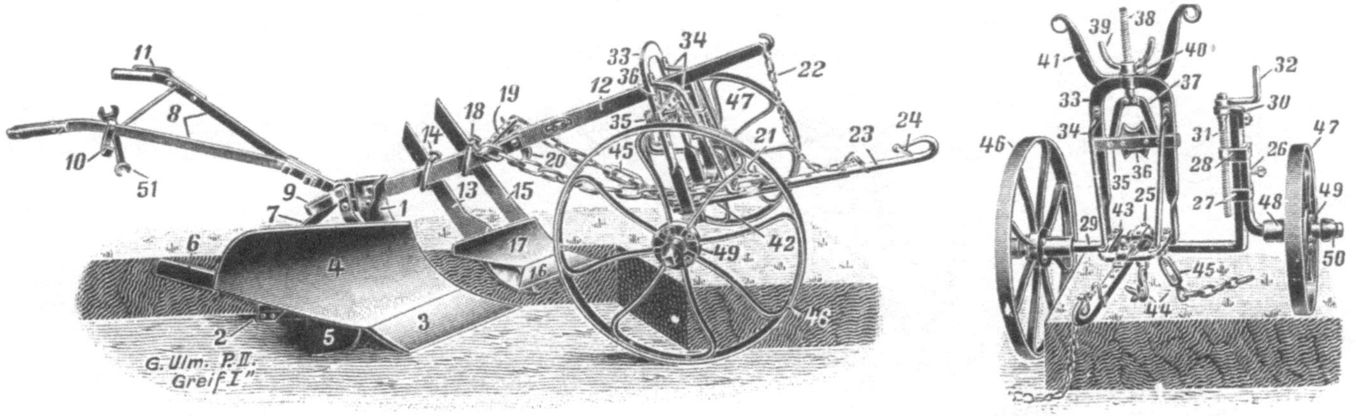

Abb. 8.

1. Brust } Körper
2. 2. Sohle mit Schleifklotz } Körper
3. Schar } Körper
4. Riester } Körper
5. Riestersohle } Körper
6. Streichschiene } Körper
7. Riesterstütze } Körper
8. Sterzenpaar } Körper
9. Fürbenklemmer für die Pflugschäufelchen
10. Fürbenhalter
11. Schleifbügel
12. Grindel
13. Messersech
14. Halter zum Messersech
15. Vorpflugstange
16. Schar } Vorpflug
17. Riester } Vorpflug
18. Halter zum Vorpflug
19. Querzug
20. Winkel m. Haken z. Querzug
21. Stecker mit Kette zum Stellbogen
22. Anhängekette
23. Zugstange
24. Sperrglied
25. Zugbolzen
26. Achse z. linken Rad mit Schraube
27. Führung
28. Spindelmutter
29. Ayhse zum rechten Rad
30. Widerlager } zum linken Rad
31. Spindel } zum linken Rad
32. Kurbel } zum linken Rad
33. Gestellbogen
34. Streben zum Gestellbogen
35. Stellsteg mit Grindelsattel
36. Grindelsattel allein
37. Haltebügel
38. Spindel } z. Grindellager
39. Kurbel } z. Grindellager
40. Kette mit S-Oesen } z. Grindellager
41. Leinehalter
42. Zustellbogen
43. Schraubenbänder mit Muttern
44. Doppelkette
45. Spannschloß
46. Rad rechtes
47. Rad linkes
48. Nabe
49. Deckel
50. Verschlußkapsel
51. Schraubenschlüssel

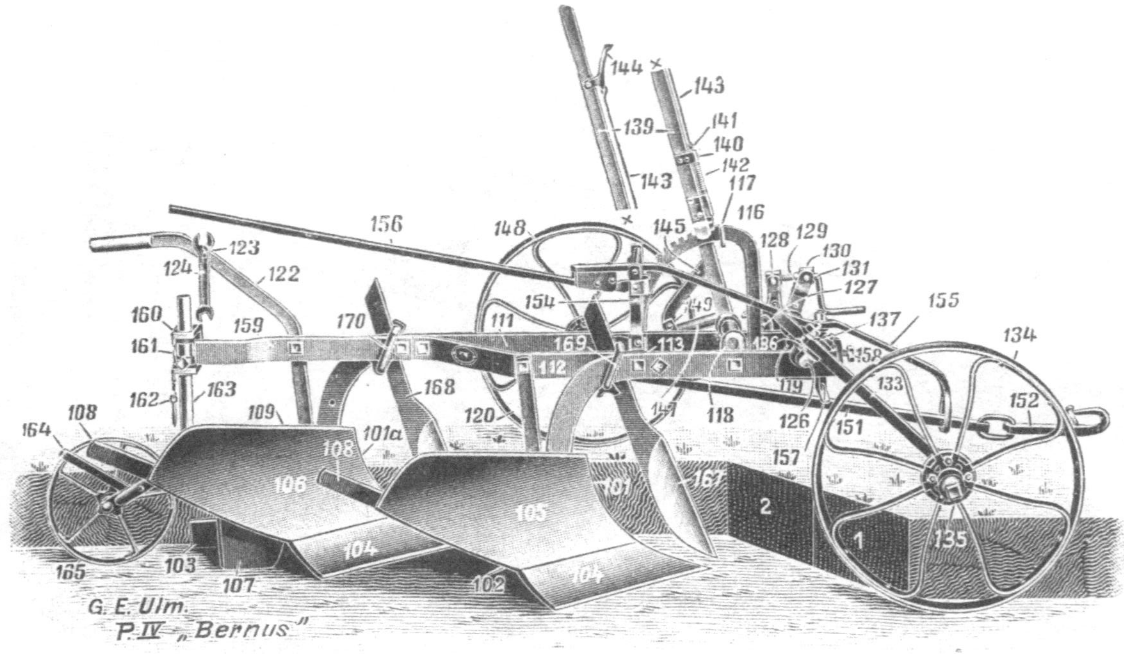

Abb. 9.

101. Brust des Vorderkörpers (unsichtbar)
101a. Brust des Hinterkörpers (unsichtbar)
102. Sohle des Vorderkörpers (unsichtbar)
103. Sohle des Hinterkörpers
104. Schar
105. Riester des Vorderkörpers
106. Riester des Hinterkörpers
107. Riestersohle des Hinterkörpers
108. Streichschiene
109. Riesterstütze (unsichtbar)
110.
111. Rahmen
112. Rahmenteil
113. Zugbügel z. Rahmen (unsichtbar)
114.
115.
116. Stellbogen
117. Begrenzungsbügel
118. Lager zur Achse
119. Lager zur Welle (unsichtbar)
120. Strebe vom Rahmen zum Körper
121.
122. Sterze
123. Halter zum Schraubenschlüssel
124. Schraubenschlüssel

125.
126. Welle (unsichtbar)
127. Stellmaul mit Winkel
128. Spindelmutter
129. Hebel zur Spindel
130. Lager
131. Spindel
132.
133. Achse zum rechten Rad
134. Rad rechtes
135. Verschlußkapsel zum Rad mit Einheitsnabe
136. Kreuzplatte z. Achse z. rechten Rad
137. Schraubenband mit Lasche
138.
139. Hebel
140. Riegelhülsen
141. Riegel
142. Feder zum Riegel
143. Zugstange zum Riegel
144. Drücker
145. Strebe zum Hebel
146.
147. Achse zum linken Rad
148. Rad links

149. Schraubenband zur Achse zum linken Rad (unsichtbar)
150.
151. Zugstangenteil
152. Zughaken zum Zugstangenteil
153.
154. Stellsteg mit Stütze
155. Steuerhebelteil vorderer
156. Steuerhebelteil hinterer
157. Stellanker zum Steuerhebel
158. Bügel mit Schraube zum Stellanker
159. Träger
160. Halter zum Träger
161. Stellstück
162. Stecker m. Kettchen z. Stellst.
163. Stange mit Radzapfen
164. Abstreifer
(159.–164.: z. hint. Rad)
165 Rad hinteres
166.
167. Messersech vorderes
168. Messersech hinteres
169. Schraubenband mit Lasche und Lager zum vorderen Messersech
170. Schraubenband mit Lasche und Lager zum hinteren Messersech

Die Schneide des stumpf gewordenen Schars wird zunächst mit der Spitze voraus langsam durchs Feuer geschoben, bis sie auf ihrer ganzen Länge rotwarm und ausgeglüht wird. Dies ist nötig, damit ein Ausspringen der noch verbliebenen gehärteten Scharschneide beim nachfolgenden Ausschmieden verhindert wird. Das Ausschmieden des Schars beginnt damit, daß die Scharspitze auf hellrot erwärmt und hereingestaucht wird. (Siehe Abb. 10 u. 11.)

Abb. 10.

Abb. 11.

Nun folgt das Ausstrecken der Spitze nach Abb. 12. Hereinstauchen und Ausstrecken sind so oft zu wiederholen, bis die Schar-Spitze ihre ursprüngliche Form, wie in Abb. 12 einpunktiert, erreicht hat. Dabei achte man darauf, daß das Schar beim Schmieden nicht unter Dunkelrotwärme erkaltet und rechtzeitig nachgewärmt wird, damit keine Risse entstehen.

Nachdem die Scharspitze fertig ausgestreckt ist, erfolgt das Ausziehen der Schneide, wie in Abb. 13 gezeigt. Das Ausziehen der Scharschneide darf nur von der unteren Seite des Schars aus geschehen, denn Vertiefungen durch Hammereinschläge auf der oberen Seite des Schars verhindern ein gutes Ablaufen des Bodens beim Pflügen und geben besonders im klebrigen Boden Anlaß zum Anhängen.

Nach dem Schärfen ist dem Schar wieder die richtige Stellung zu geben. (Siehe Abb. 14 u. 15.) Hierzu empfiehlt sich die Verwendung eines Schrägmaßes, wie solche die Pflugfabrik Gebr. Eberhardt für die einzelnen Scharsorten passend liefert. Das Schrägmaß dient dazu, die Stellung der Pflugschare zu kontrollieren, und

Abb. 12.

Abb. 13.

Abb. 14.

Abb. 15.

zwar von unten mit dem Winkel U und von der Seite mit dem Winkel S. (Siehe beistehendes Bild 16.) Zu beachten ist dabei, daß die Sohle noch ihre volle Breite haben muß. Bei stark abgenützten Sohlen ist daher zur genauen Prüfung der richtigen Scharstellung am Körper eine neue Sohle anzubringen, die nachher wieder abgeschraubt werden kann.

Abb. 16

Ist die Scharschneide gleichmäßig ausgeschmiedet und hat das Schar seine richtige Stellung, so muß es nochmal auf ca. 2 cm Breite rotwarm gemacht werden. Dann folgt das Härten (siehe Abb. 17). Beim Härten ist das Schar mit der Zange an der Schnittseite zu fassen und mit dem Rücken zuerst ins kalte Wasser zu bringen. Werden die Schare beim Härten zu spröde, so ist in diesem Falle zum Härten warmes Wasser zu nehmen. Sind Schare derart abgenützt, daß sie kein Material zum Nachstrecken mehr bieten, und

Abb. 17.

eine richtige Arbeitsleistung mit ihnen nicht mehr erzielt werden kann, so empfiehlt es sich dringend, von der Fabrik genau passende Ersatzschare zu beziehen, welche ohne weiteres an den Pflug geschraubt werden können und einen normalen Gang desselben gewährleisten.

Nunmehr wollen wir uns zunächst mit den Sack'schen Pflügen, soweit Gespannpflüge in Frage kommen, befassen.

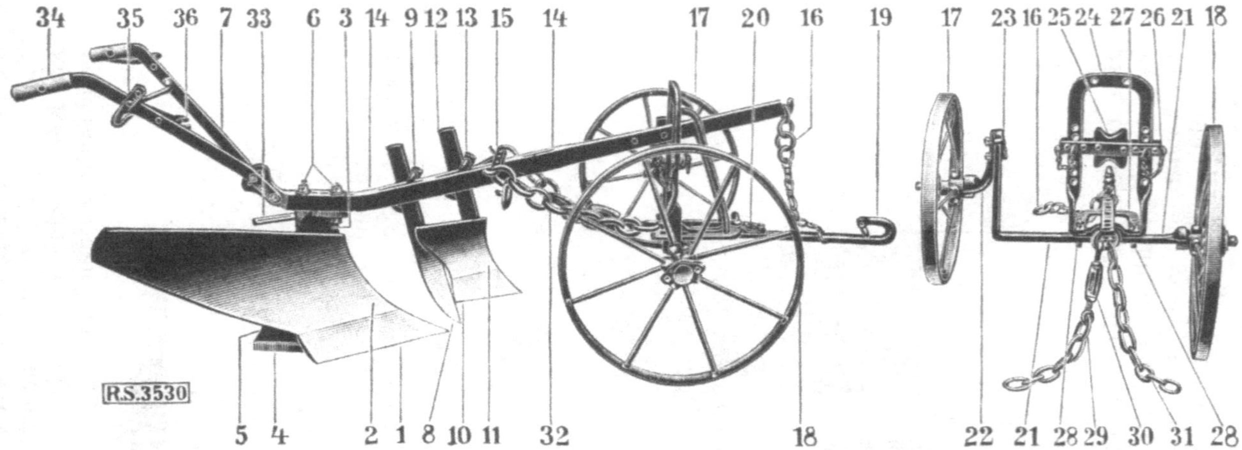

Abb. 18.

3. Unterkörper (Gußstück) 2. Panzerplatte 1. Schar 4. Sohle rechts m. 2 Schrauben 5. Anlage links } Pflugkörp. 6. Grindelschrauben mit Muttern 7. Handhaben 8. Sech 9. 13. Grindelklammern mit Siegen und Muttern 11. Vorschneider-Panzerplatte 10. Vorschneiderschar 12. Vorschneiderstiel } Vorschneider 13. Siehe 9.	14. Grindel 15. Selbstführungsquerbalken 16. Zughakenkette (Haltekette) 17. Linkes (kleines oder Land-)Rad 18. Rechtes (großes od. Furchen-)Rad 19. Zughaken mit Führung 20. Leiervorstecker mit Kette 21. Rechte Achse mit Achsmutter (Rechtsgewinde) 22. Linker Achsschenkel mit Achsmutter (Linksgewinde) 23. Achschenkelklammer m. 2 Muttern 24. Stellrahmen 25. Gußsattel	26. Grindellager (mit 2 Knie-Vorsteckern und Gußsattel) 27. Leier 28. Stellrahmenklammern mit Muttern 29. Linke Kette mit Ringschraube (Linksgewinde) 30. Doppelmutter 31. Rechte Kette mit Ring un Ringschraube (Rechtsgewinde) 32. Vollständige Doppelkette 33. Reidelhalter 34. Holzschalen der Handhaben 35. Reidelhaken 36. Mutterschlüssel

Außerdem, zum Vorgestell gehörig: 2 Stellrahmenstützen; zum Grinden gehörig: 1 Handhabenschutz, 2 Stellschrauben für die Handhaben, 2 Befestigungswinkel für den Selbstführungsbalken, 1 Haken für einfache Zugkette. Ferner: 1 Zugkettbolzen mit Splint, 1 kleiner Schraubenschlüssel, Scharschrauben, Anlageschrauben, Plattenschrauben.

Bei der Bestellung von ***Ersatzteilen zu Pflugkörpern*** *ist anzugeben, ob es sich um Pflugkörper der Bauart 1924 mit versenkten Schrauben oder um die alte Ausführung mit Gewinde in Platte und Schar handelt.*

Die gangbarsten Formen für Sack-Pflugkörper.

B

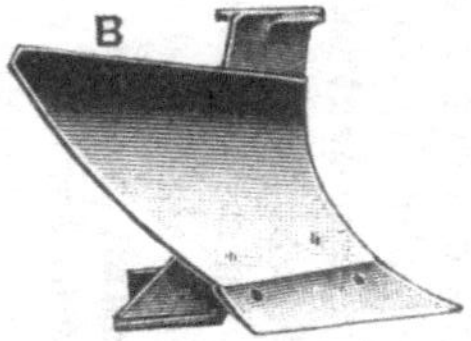

Steile Körperform.
Verwendungsart:
für losen Boden.

K

Steile Körperform.
Verwendungsart:
f. krümelnden, aber klebend. Boden.

M

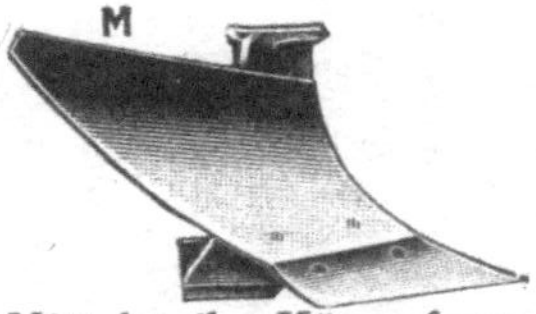

Mittelsteile Körperform.
Verwendungsart:
für milden oder mittleren Boden.

SN

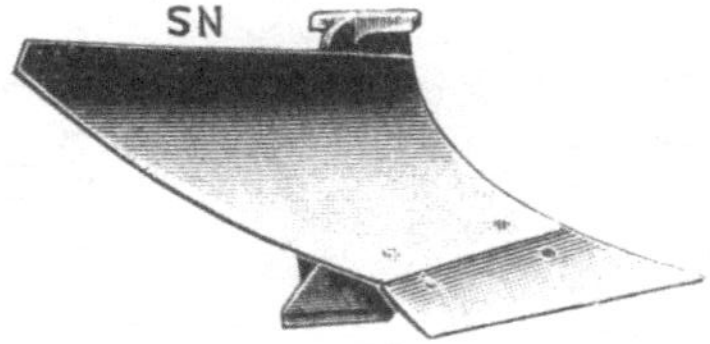

Gestreckte Körperform.
Verwendungsart:
für schweren Boden.

9SS

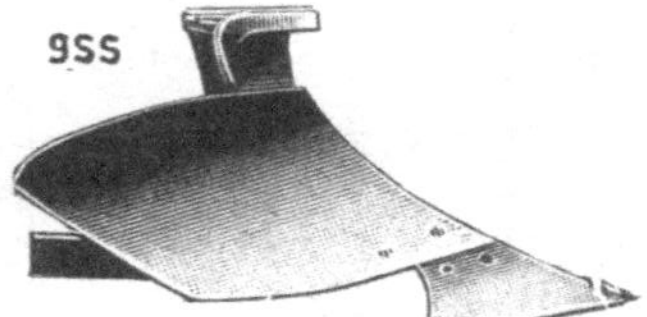

Stark gewundene Körperform.
Verwendungsart:
für sehr schweren Boden.

RS.2771

Stark gewölbte Körperform,
mit spitzkeiliger Scharform.
Verwendungsart:
f. mittelschweren bis schweren Boden.

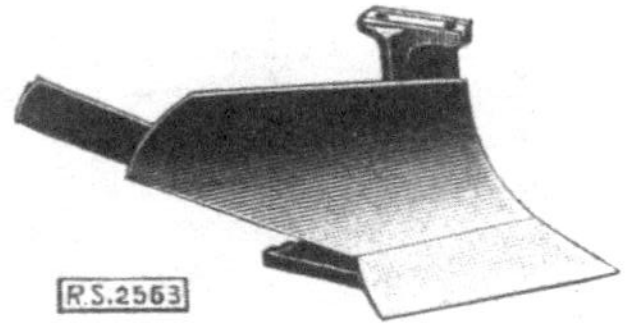

R.S.2563

Mittlere Körperform mit kurzer
Platte, aber stellbarem Streicheisen.
Verwendungsart:
für mittl. Boden, insbesonder hängiges
Gelände, wo gute Wendung verlangt
wird.

12J

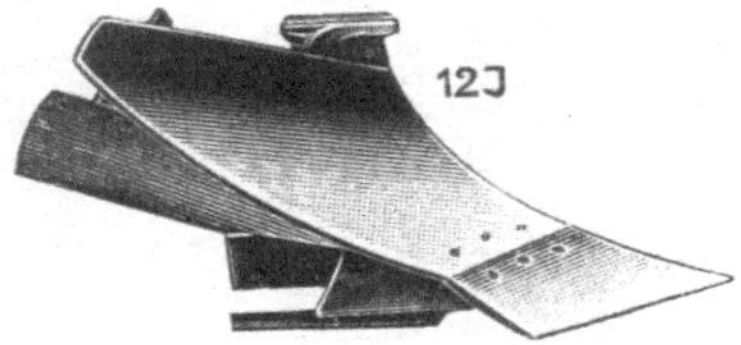

Gestreckte lange Körperform.
Verwendungsart:
f. schweren bis sehr schweren Boden.

Unsere Abb. 18 gibt die Bestandteile eines Sack'schen Universalpfluges, die Benennungen sind aus der dazu gehörigen Tabelle zu entnehmen.

Die gangbarsten Formen der Sack-Pflugkörper sind aus der vorstehenden Bildzusammenstellung ersichtlich; die Verwendungsart ergibt sich aus den Unterschriften.

Von den Konstruktionsteilen der Sack'schen Pflüge sei das Sack'sche staubdichte Einheitsrad mit der öl- und staubdichten Radnabe genannt. Unsere Abb. 19 gibt einen Längsdurchschnitt

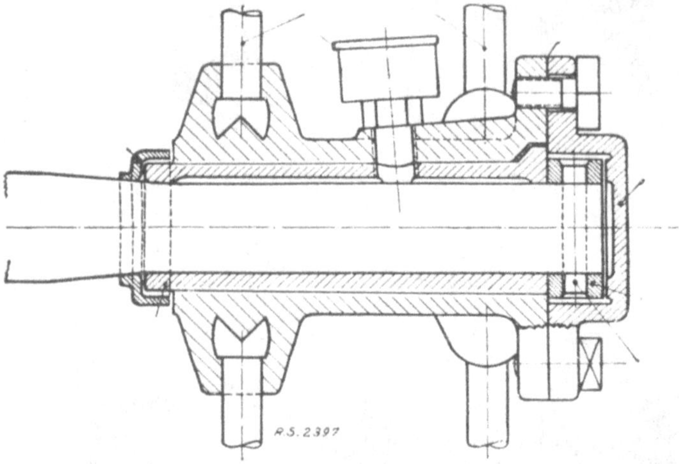

Abb. 19
Sack'sche Radnabe

durch diese Radnabe. Die Schmierung erfolgt durch eine Staufferbüchse. Beim Nachdrehen der Fettbüchse wird das alte Fett und damit zugleich der Schmutz aus dem Rad herausgepreßt. Das Rad reinigt sich also gewissermaßen von selbst. Das Radinnere wird aber außerdem gegen eindringenden Staub durch einen auf der Achse aufgezogenen Staubschutzring geschützt. Jedes Rad hat eine auswechselbare Buchse, die ohne weiteres herausgeschlagen und durch eine neue ersetzt werden kann. Die Radnabe steht über den Reifen nur um ein geringes vor, so daß ein Hängenbleiben an Türpfosten usw. ausgeschlossen ist. Der Reifen ist außerordentlich breit gehalten und halbrund profiliert; der Reifen sinkt daher auf weichem Boden nicht so leicht ein, und die Geräte fallen beim Wenden nicht um. Der Stand der Speichen in der Nabe ist ebenfalls sehr breit gehalten, wodurch das Rad eine hohe Standfestigkeit aufweist. Die eingegossenen Speichen können niemals locker werden, wie das bei eingeschraubten oder geklemmten Speichen vorkommt. Im Reifen sind die Speichen nach einem neuen Verfahren vernietet, eine Verbindung, die bei stärksten Ueberbeanspruchungen des Rades dafür Gewähr leistet, daß keine Köpfe abspringen.

Diejenigen Teile des Pflugkörpers, die mit der Erde in Berührung kommen, werden in der Fabrik sorgfältig glattgeschliffen und blank poliert, so daß der kleinste Erdwiderstand besteht.

Natürlich kommt es auch hier wieder darauf an, daß Schare und Seche stets scharf gehalten werden. Nur so erzielt man dauernd eine gute Pflugarbeit. Ein stumpfes Schar verbraucht unnötige Zugkraft, eine abgenützte Anlage beraubt den Pflug des Stützpunktes. Beides bewirkt einen unsicheren Gang und ein schlechtes Eindringen des Pflugkörpers. Wo die Bodenverhältnisse eine starke Abnützung bedingen, wird die Reparaturwerkstatt immer gut tun, zahlreiche Auswechselschare auf Lager zu halten. Schare selbst herzustellen, ist vollständig zwecklos. Die aus der Fabrik bezogenen Schare sind sofort gebrauchsfertig, aus bestem Material hergestellt, auf Schablonen gebohrt und zweckentsprechend im automatisch geregelten Ofen gehärtet. Schare und Panzerplatten kommen außerdem aus der Fabrik blankpoliert. Die von der Fabrik bezogenen fertigen Schare bedürfen keiner besonderen Nacharbeit mehr. Auf der Rückseite besitzen die Sack'schen Schare einen Butzen von Ersatzmaterial zum Ausschmieden abgenützter Schare. Sämtliche Schare sind an der Spitze und längs der Schneidkante zwei bis vier Zentimeter breit gleichmäßig gehärtet. Nach Verbrauch dieser Zone müssen sie sofort neu ausgezogen, geschärft und gehärtet werden, da sonst bei dem dann ohnehin stumpfen Schar die Abnützung im ungehärteten, aber wertvollen Material zu schnell fortschreitet.

Beim Ausschmieden ist folgendes zu beachten:

1. Das abgenützte Schar wird auf der ganzen Länge der Schneide vorsichtig angewärmt und ausgeglüht. Einseitige Erwärmung, z. B. der Spitze, ist unbedingt zu vermeiden, da sonst Spannungen und evtl. Rißbildungen entstehen.

2. Das Schmieden erfolgt bei 900—950 Grad (hellrot bis gelb) Schmiedetemperatur. Sinkt die Temperatur unter 750 Grad (Dunkelrotglut), so ist das Schar neu zu erhitzen. In der sog. Blauwärme ist jedes Schlagen und Hämmern unbedingt zu vermeiden.

3. Das Härten soll nicht unmittelbar aus der Schmiedehitze vorgenommen werden, Schar langsam erkalten lassen, dann senkrecht mit der Schneide ins Feuer stellen, daß die gesamte Schneide auf ca. 2—3 cm Breite kirschrot wird (800 Grad Härtetemperatur). Der Scharrücken mit den Befestigungslöchern soll nicht warm werden.

4. Das Abschrecken erfolgt in gewöhnlichem, zweckmäßig lauwarmem Wasser. Man beachte:

a) Unterschiede zwischen Schmiedetemperatur (hellrot) und Härtetemperatur (kirschrot), aber Farbe nicht im grellen Sonnenlicht prüfen;

b) Erhitzen der Schare in gut durchgebranntem Koksfeuer (nicht frisch aufgeschüttetem Kohlenfeuer) gleichmäßig auf die ganze Schneidlänge.

c) Zu hohe Temperatur des Schares gibt spröde, in gehärtetem Zustande rissige Schare. Zu niedrige Temperatur, weiche, leicht sich abnutzende Schare.

Das Vorrichten der Schare erhellt aus unseren Bildern I—VII. Zur Erläuterung diene folgendes:

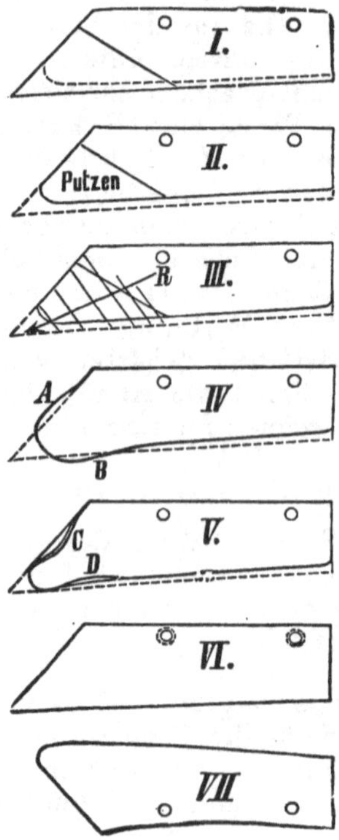

Bild I—VII.

I. Bis zur punktierten Linie sind die Schare in lauem Wasser zu härten.

II. Aussehen eines mehrfach geschärften, abgenutzten Schares. Die punktierte Linie zeigt die ursprüngliche Form.

III. In dieser Richtung wird der Putzen mit der Finne des Vorhammers gestreckt.

IV., V. Das Material des Putzens breitet sich dabei über die künftige Form aus und wird nach Wenden des Schares auf hoher Kante hereingestaucht, wie hier abgebildet. Der Putzen ist weggeschmiedet, und nach mehrmaligem Wenden wird auch das Material bei C und D zur Erneuerung der Scharspitze nutzbar gemacht. Es wird also nichts weggeschrotet.

VI. Fertig geschmiedetes Schar. Die etwa zu weit gewordenen Gewindelöcher werden zugestemmt.

VII. Ist der Rücken beim Ausschmieden des Putzens krumm geworden so wird das hochkant auf den Rücken gestellte Schar vor dem Ausziehen der Schneide mit dem Vorhammer gerade gerichtet.

Um die sachgemäße Wölbung des Schares und damit den sicheren Gang des Pfluges beim Ausschmieden zu erhalten, liefert die Fabrik besondere Modellböcke in drei Größen. Das Schar wird zunächst hohl geschmiedet, hierauf legt es der Schmied auf den Block und paßt es, während sein Gehilfe das Schar mit den Handhaben fest andrückt, mit leichten Hammerschlägen der Form des Blockes an. (Abb. 20.)

Abb. 20

Die ganze Scharbearbeitung illustrieren demnach unsere Abbildungen 21—26.

Abb. 21: Der Stutzen wird ausgestreckt.

Abb. 21.

Abb. 22: Das Material breitet sich etwas mehr als nötig aus. Wenden und auf hoher Kante einstauchen. Das überschüssige Material dient zur Erneuerung der Scharspitze. Nichts wegschroten.

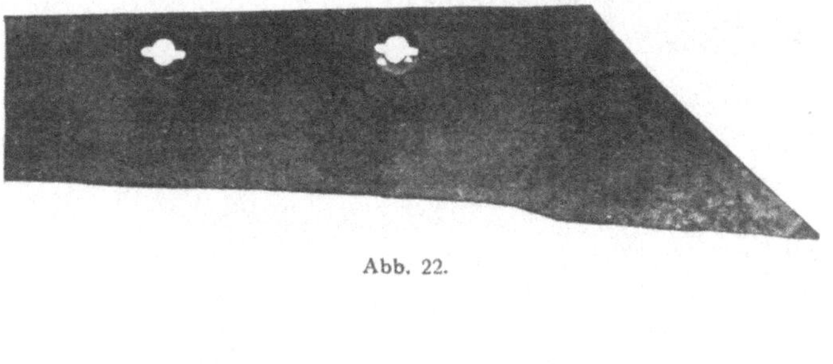

Abb. 22.

Abb. 23: Krumme Rücken richtet man vor Ausziehen der Schneide gerade.

Abb. 23.

Abb. 24: Schärfen der Schneide.

Abb. 24.

Abb. 25: Richten über den Modellblock.

Abb. 25

Abb. 26: Schneide rotwarm machen und in Wasser härten.

Abb. 26.

Das Auswechseln der Buchsen am staubdichten Einheitsrad wird folgendermaßen vorgenommen:

Man legt das Rad mit der Flanschenseite nach unten auf eine geeignete durchbohrte Unterlage (Abb. 27) und schlägt mit einem Dorn durch zwei kräftige Hammerschläge die Buchse aus dem Rade. Vorher kann man durch Aufgießen von Petroleum die Buchse lösen und, wenn es schwer geht, mit einem Kreuzmeißel in die verbrauchte Buchse eine Nute einschlagen.

Abb. 27.

Die Ersatzbuchse muß in das neue Rad so weit hineinpassen, daß sie ungefähr 1½—2 cm über die Stirnfläche hervorsteht. Kleine Unebenheiten erst abfeilen. Nun legt man das Rad, mit der Flanschenseite nach oben, auf die Unterlage (Abb. 28) und treibt mit

Abb. 28.

dem Dorn die Buchse mit vorsichtigen Schlägen so weit in das Rad, daß sie noch ungefähr 1 mm vorsteht. Dann wird die Stirnfläche glatt gefeilt, um einen sicheren Lauf für den Bundring zu bekommen. Man beachte, daß die Nute, in welche die Mitnehmernase der Buchse eingreift, sich unter der Staufferbuchse befindet. Die Buchse darf nicht am Schutzring schleifen. Bohrung für die Staufferbuchse nachsehen. Soll der Schutzring erneuert werden, so wird der alte mit einem Meißel aufgespaltet und der neue warm aufgezogen.

Bei älteren Pflügen, bei denen sich die Achsen unten flach laufen, und sich die Räder im Innern sowohl als auch an der Stoßscheibe abnützen, verliert das Rad seine sichere Führung und schlottert auf dem Schenkel. Solche Räder laufen leicht trocken, auch wenn sie fleißig geschmiert werden, da die Schmiere oder das Oel leicht ausfließen und Staub und Schmutz eindringen können. Durch Ausgießen mit Weißmetall kann man die Radnaben schnell und billig wieder herstellen. Für die älteren Sack-Pflüge kann hierzu ein Ausgießwerkzeug bezogen werden, und zwar in zwei Größen, die eine für Tiefkultur-Pflüge, die andere für Universal- und sonstige Pflüge. Dieses Gießwerkzeug besteht aus

je einem stärkeren und schwächeren Gießdorn D_1 und D_2 (Abb. 29) und einem Gießtrichter G.

Diese Teile sind wie folgt zu gebrauchen: Der dem Zustand des abgelaufenen Achsschenkels entsprechende Gießdorn D_1 oder D_2 wird senkrecht in einen Schraubstock eingespannt und das auszugießende Rad aufgesetzt. Durch den Gießtrichter G, der auf den Zapfen Z des Gießdorns gesteckt wird, und durch den stärkeren Bund B wird das Rad genau im Mittelpunkt festgehalten. Sollte der Bund nicht ganz abschließen, so wird er mit Ton oder Lehm ver-

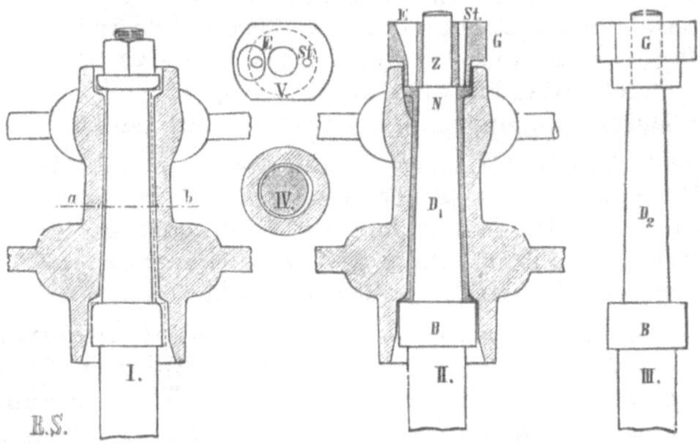

Abb. 29.

strichen, damit das Metall nicht ausfließen kann. Durch den Einguß E wird geschmolzenes Weißmetall (oder in dessen Ermangelung allenfalls auch Zink) eingegossen und dadurch der leere Raum zwischen Nabe und Gießdorn ausgefüllt, wie Abb. 29 II zeigt. Nach dem Erkalten, was durch Aufgießen von Wasser beschleunigt werden kann, wird der Trichter G mittels eines Schlüssels oder einer Zange gedreht und dadurch das im Einguß E und dem Steiger St noch befindliche Metall glatt abgeschnitten. Das Rad wird nun unter Drehen von dem Dorne abgehoben und der Achsschenkel, nachdem er vorher wieder rund geschmiedet und gefeilt ist, wie gewöhnlich eingepaßt. Um die damit hergestellte Metallbuchse gegen Drehung zu sichern, kann man in die Nabe bei N (Abb. 29 II) mit einem Kreuzmeißel eine kleine Nute einhauen. Man erhitze das Metall nicht mehr als nötig und lasse es nicht zu lange auf dem Feuer stehen, da es rasch oxydiert und dann dickflüssig wird. Soll eine derart hergestellte Metallbuchse zwecks Erneuerung aus der Radnabe entfernt werden, so geschieht dies am Einfachsten durch Ausschmelzen.

Mit Hilfe von Einsatz- oder Tauschstücken lassen sich die in unseren früheren Abbildungen gezeigten Universalpflüge in andere Spezialbodenbearbeitungs-Geräte umwandeln. Diese Umwandlung ist einfach und läßt sich in wenigen Minuten durchführen. So lassen sich Kultivatoren (Grubber Exstirpatoren, Skarifikatoren), Kartoffelfurchenzieher, Häufelpflüge und dergl. durch die Wahl entsprechender Einsatzkörper herstellen. Die Reparaturen an diesen beschränken sich fast ausschließlich auf Nachschärfen und Härten, abgesehen natürlich von gewöhnlichen Arbeiten, wie Beheben von Brüchen durch Verschweißen, Verlaschen, Aufziehen von Schrumpfringen und dergl. Bei Federzinkengrubbern lohnt sich die Selbstherstellung von Zinken nicht. Sollen diese brauchbar sein, so müssen sie aus einer geeigneten Stahlsorte (Martinstahl) hergestellt und dürfen nur an der Oberfläche gehärtet werden. Der Kern muß zäh bleiben, die Härtung darf mit anderen Worten nicht durch das ganze Material hindurchgehen. Unter diesen Umständen bezieht man solche Zinken am besten von der Fabrik und hält stets solche vorrätig. Manche Instandsetzung stellt übrigens nichts dar, als eine gründliche Durchreinigung und Schmierung des ganzen Gerätes.

Die Vorgestelle der Universal-Pflüge werden auch in verschiedenen Ausführungen — wie ja schon unsere früheren Abbildungen gezeigt haben — auf den Markt gebracht. Für unsere Zwecke hat dies keine weitere Bedeutung, da die hier vorkommenden Reparaturen lediglich einfache Schmiedearbeiten darstellen.

Da es, wie schon hervorgehoben, für den Reparaturwerkstätten-Besitzer unerläßlich ist, daß er auch über die Aufgabe und die daraus sich ergebende richtige Einstellung einzelner Teile orientiert ist, so seien zunächst noch einige diesbezügliche Angaben eingeflochten.

Seche und Vorschneider müssen bei Beginn der Arbeit richtig eingestellt werden. Im allgemeinen gelten folgende Hinweise: Das Sech hat den Furchenstreifen senkrecht abzuschneiden, die Schnittkante der Panzerplatte zu schonen und eine glatte Furchenwand zu schaffen. Die Spitze des Messersechs steht zwei Finger breit vor der Scharspitze und einen Finger breit über der Furchensohle, seine Schneidkante ist etwas über die Scharspitze ins Land gerichtet. Bei starken Baumwurzeln, Stubben usw. kann man es gleich tief wie die Scharspitze und weiter nach vorn stellen, um Beschädigungen des Körpers zu vermeiden.

Das Scheibensech wird auf steinfreiem Boden, besonders aber bei hoher Stoppel und bei Unterpflügen von Gründüngung und bei ähnlichen Verhältnissen verwendet. (Auf steinigem Boden ist das Messersech vorzuziehen.) Der Mittelpunkt des Scheibensechs liegt beim Arbeiten ohne Vorschneider ungefähr über der Scharspitze des Körpers. Die Führungsgabel darf jedoch nicht auf dem Boden schleifen. Das Scheibensech schneidet 1—3 cm über die Schneidkante des Pflugkörpers ins Land. Bei hartem Land weniger, bei loserem, nachstürzenden Boden stärker.

Der Vorschneider hat den doppelten Zweck, die bewachsene Oberfläche abzuschälen und eine reine, gut gekrümelte Furche zu erzielen. Er soll im allgemeinen nur so tief eingestellt werden, daß er gerade noch die untere Wurzelschicht erfaßt. Stellt man den Vorschneider zu flach, so verhindern die Wurzeln das Eindringen, während er bei zu tiefer Stellung die große Erdmenge nicht bewältigen kann. Der Vorschneider soll etwas weiter als das Sech ins Land greifen.

Vielfach werden die Pflüge heute mit Selbstführung ausgestattet. Diese besteht aus einem Querbalken und der Doppelkette des Vorgestells (Abb. 30). Die linke Kette kann mit einer Doppel-

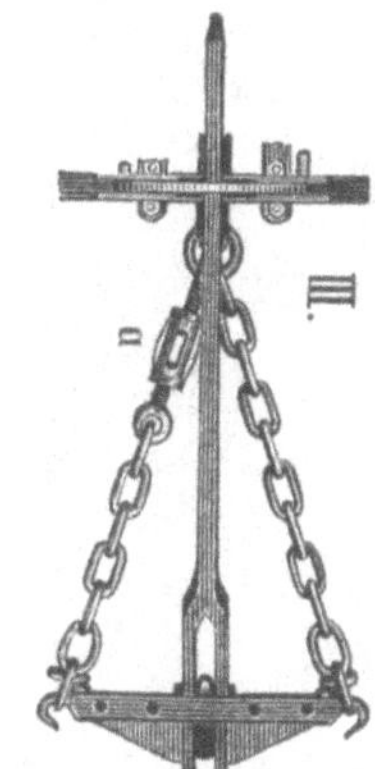

Abb. 30

mutter (a) kürzer oder länger geschraubt werden. Durch diese Zugvorrichtung wird der Pflug, wenn beide Ketten gleich stramm angespannt sind, in senkrechter Stellung gehalten. Bewegt sich der Hinterpflug durch irgendein Hindernis nach rechts oder links (ins Land oder zur Furche), so wird die eine Kette lose, die ganze Zugkraft wirkt auf die gestraffte andere Kette, zieht den Pflug nach dieser Seite und damit wieder in die senkrechte Stellung. Bei Ausschaltung der Selbstführung (Pflügen von Teilfurchen oder an Feldrainen) benutzt man den Haken unter dem Selbstführungsbalken.

Von besonderen Pflugkonstruktionen seien hier die mehrscharigen Pflüge und die Wende- oder Wechselpflüge genannt. Die Mehrscharpflüge dienen u. a. zum Aufbruch von Wiesen und Moor und zur Erzielung kammförmiger, ungebrochener Furchen. Unsere Abb. 31 zeigt einen Sack'schen Zweischarpflug mit Lenkstange. Die

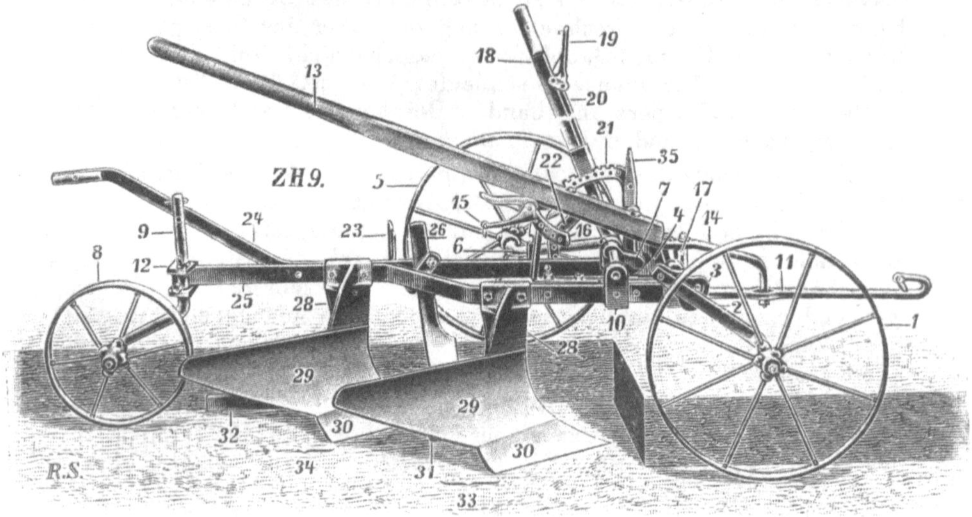

Abb. 31

Benennung der Bestandteile ergibt sich aus nachstehender Zusammenstellung:

1. rechtes Rad
2. rechter Achsenschenkel
3. rechte Achswelle mit Blatt
4. vorderer Zahnbogen A
5. linkes Rad
6. linke Achse
7. hinterer Zahnbogen B
8. Hinterrad
9. Hinterradachsenschenkel

10, 10, 10. Achslager C

11. Zugstange
12. Hinterradachsführung
13. Lenkstange
14. Lenkstangenschiene
15. Lenkerklinke
16. Lenkbogen

17, 17. Lenkbogenträger

18. Ausrückhebel
19. Ausrückerklinke
20. Ausrücker-Einleger
21. Ausrückerbogen
22. Verbindungsschiene mit Klammer
23. Hebel-Einlage
24. linker Rahmenteil
25. rechter Rahmenteil
26. Sech
27. Sechklammer

28, 28. Unterkörper

29, 29. Panzerplatten

30, 30. Schare

31. kurze Anlage
32. lange Anlage
33. vollständiger Vorderkörper
34. vollständiger Hinterkörper
35. Mutterschlüssel

Bemerkenswert ist hier die Ausrüstung mit Differential-Räderstellung. Die Pflüge werden durch einen an der Landradseite angebrachten Hebel in Arbeitsstellung gebracht. Dieser Hebel bewegt mittels einer Zahnbogenverstellung die beiden Vorderräder in entgegengesetzter Richtung, so daß sie sich beim Einrücken zur Arbeit voneinander entfernen (das Landrad rückwärts, das Furchenrad vorwärts), beim Ausrücken sich umgekehrt wieder nähern. Dadurch wird der Pflugrahmen gesenkt bzw. gehoben. Sobald beim Einrücken die Schare den Boden berühren, bewegt der Hebel nur noch das Landrad weiter, während das Furchenrad auf der Ebene der Schare stehen bleibt; die so entstehende Differenz in der Radstellung bedingt den Tiefgang des Pfluges.

Die Wendepflüge sind derartig eingerichtet, daß der Pflug sowohl nach der rechten, als auch nach der linken Seite zur Arbeit eingestellt werden kann. Im wesentlichen kommen drei verschiedene Konstruktionen auf den Markt: Entweder sind zwei besondere Pflugkörper vorhanden, die unabhängig übereinander gestellt werden können, oder es ist ein nach oben und unten gleich ausgebildeter zusammenhängender Pflugkörper vorgesehen, der unter dem Pflugbaum um eine wagrechte Achse auf die andere Seite gedreht werden kann, oder endlich der Pflug ist als Kippflug ausgebildet.

Auch bei diesen verschiedenen Pflugkonstruktionen laufen die Reparaturarbeiten auf Härten und Schärfen und auf Auswechseln abgenützter Teile hinaus, wenigstens in der Hauptsache. Von motorischen Anhängegeräten für Bodenbearbeitung soll im nächsten Bande die Rede sein.

Wie wir schon in der Einleitung besonders betont haben, spielt in der ganzen Feldbearbeitung die Erzielung einer guten und gleichmäßigen Durchlüftung des Bodens eine ausschlaggebende Rolle. Wir

Abb. 32

möchten daher nicht verfehlen, alle Reparaturwerkstättenbesitzer nachdrücklichst auf eine hervorragende Neuerung für die Bodenbearbeitung, nämlich auf die im In- und Auslande patentierten Erdschollenbrecher (Metallwaren-Fabrik Ernst Lübkemann, G. m. b. H., Emden, Ostfriesland) aufmerksam zu machen. Es handelt sich hier um Pflugscharmesser, die beim Pflügen die Erdschollen zerkleinern, gleichgültig, ob es sich um Kultur- oder Oedland, Wiesen-, Weiden-, Lehm-, Ton- oder sonstigen Boden handelt. Die Zugtiere werden durch den Einbau solcher Erdschollenbrecher in keinerlei Weise mehr belastet. Je nach Bodenart kann die Eggen- und Walzarbeit ganz fortfallen oder durch die „Erdschollenbrecher" doch so erleichtert werden, daß selbst bei ungünstigsten Bodenverhältnissen

Abb 33

mindestens ein voller Arbeitsgang erspart wird, außerdem tritt dadurch die Gare des Bodens rascher ein. Unsere Abbildung 32 zeigt bearbeiteten Boden ohne Erdschollenbrecher, Abb. 33 bearbeiteten Boden mit Erdschollenbrecher. Diese Erdschollenbrecher werden an Stelle der herausgenommenen Scharschrauben so eingesetzt, daß die Messerflächen parallel mit der linken Scharvorderkante laufen, so daß die Messerschneiden in der Richtung der hochkommenden Erdschollen stehen. Das rechte (hintere) Messer muß mit der Schneide ein wenig mehr nach links stehen, so daß die Entfernung der Messerrücken ungefähr einen halben Zentimeter größer ist, als die Entfernung der Messerschneiden. Bei Beachtung dieser Vorschrift ist ein Stopfen des Pfluges unmöglich. Bei Bestellung hat man den genauen Durchmesser der Scharschraube anzugeben und ferner mitzuteilen, ob es sich um Schrauben mit versenktem Kopf (Pflugtyp Eberhardt) oder ohne versenkten Kopf (Pflugtyp Sack) handelt.

Abb. 33a

Da es sich bei diesen Erdschollenbrechern um eine erprobte und von zahlreichen Behörden und Körperschaften empfohlene Sache handelt, so können wir unseren Lesern nur den Rat geben, sich solche Pflugscharmesser in ausreichender Menge auf Lager zu halten und deren Anschaffung bzw. Einbau der Kundschaft zu empfehlen. Die letztere wird sicherlich dankbar dafür sein.

Kapitel II.

Eggen, Walzen und Schleifen.

Die Eggen haben die Aufgabe, den Boden nach der Bearbeitung mit dem Pfluge zu krümeln und zu ebnen, feste Erdschollen zu zerkleinern, den Dünger zu verteilen und unter die Erde zu mischen, die Saat unterzubringen und Unkraut zu zerstören. Die Eggen wirken hauptsächlich durch ihr Gewicht und durch Stoß; der Boden wird nur so tief gekrümelt, wie die Zinken einsinken. Dem Gewicht nach unterscheidet man leichte (15—25 kg), mittelschwere (25 bis

70 kg) und schwere (ca. 150 kg). Eggen; der Verwendung nach spricht man von Ackereggen und Wieseneggen. Beide Arten werden als Rahmeneggen und als Gliedereggen unterschieden, je nachdem der Rahmen fest oder beweglich ist.

Die Ackereggen werden heute in Rahmen und Zinken fast ausschließlich aus Eisen und Stahl hergestellt, im Gegensatz zu den früheren Holzeggen. Die Form dem Rahmens war früher meist eine rechteckige, heute sind besonders die S-förmigen und die Zick-Zack-

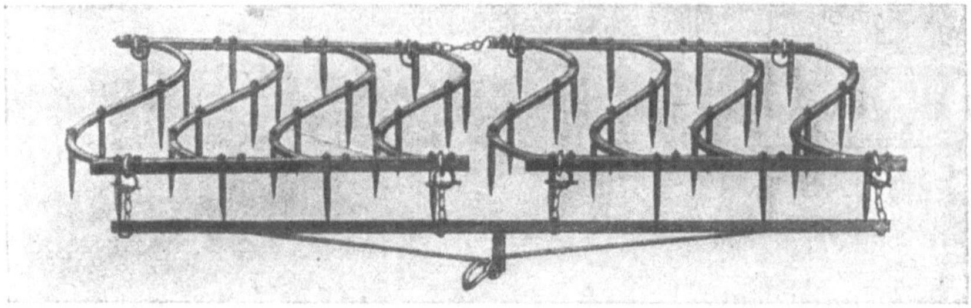

Abb. 34. Monachia-S-Ackeregge

Ackereggen im Gebrauch. Die Rechtecksform hat sich meist nur noch bei den sog. Feineggen erhalten, die zum Uebereggen der keimenden Kartoffeln und des Sommergetreides dienen. Unsere Abbildung 34 zeigt eine moderne „Monachia"-S-Ackeregge für mittleren und schweren Boden (Vereinigte Landsberger Pflug- und Münchener Eggenfabriken A.-G. München-Pasing). Diese Ausführung hat den Vorzug, daß die S-Balken nicht unter sich, sondern durch Quer-

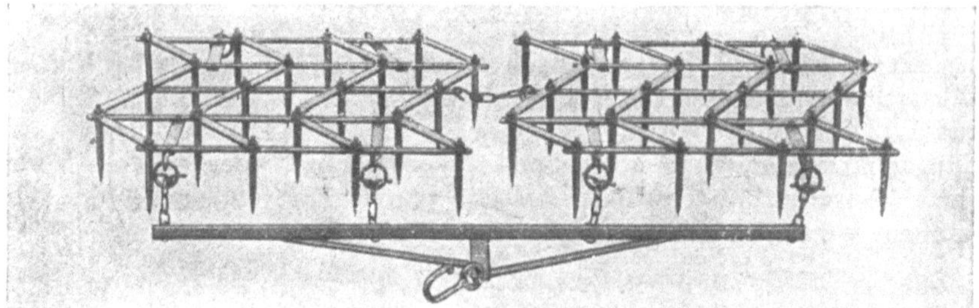

Abb. 35 Zick-Zack-Egge

balken verbunden sind. Bei der Ausführung, bei der die S-Balken unter sich verbunden sind, treten sehr häufig Balken- und Zapfenbrüche auf, deren Reparatur zwar keine Schwierigkeiten bereitet, infolge ihrer Häufigkeit aber dem Landwirt Kosten und Zeitversäumnis verursachen. Sehr beliebt sind heute die Zick-Zack-Eggen. Unsere Abb. 35 veranschaulicht eine „Monachia"-Zick-Zack-Ackeregge für mittleren Boden von derselben Firma. Diese Eggen besitzen Rahmen aus Flacheisen und Zinken aus härtbarem Stahl, wodurch sie große Dauerhaftigkeit aufweisen. In Abb. 36 sehen wir eine leichte verstellbare eiserne „Monachia"-Ackeregge. Der Hauptvorzug dieser Egge liegt darin, daß durch eine einfache Umstellungsvorrichtung die Zinken augenblicklich in andere Stellung gebracht werden können, was bei wechselndem Boden oft erwünscht ist.

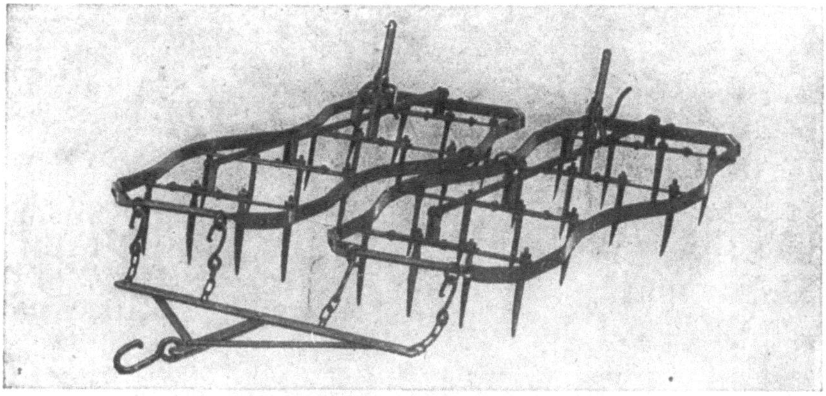

Abb 36. Verstellbare Monachia-Acker-Egge

Die Hauptanforderungen, die man an eine gut arbeitende Egge stellen muß, sind folgende: Alle Zinken müssen gleich stark und gleich lang sein, die Zinkenspitzen müssen alle in einer Ebene liegen, damit sie alle gleichmäßig tief in den Boden eindringen. Jeder Zinken muß seine eigene Reihe ziehen, die Reihen müssen gleichen

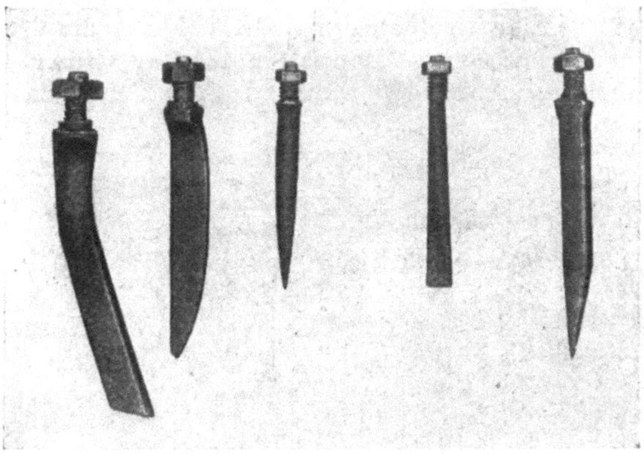

Abb. 37. Eggenzinken-Formen

Abstand untereinander haben. Die gebräuchlichsten Eggenzinken-Formen ersehen wir aus unserer Abb. 37. Es bezeichnen:

1. Reißeggenzinken,
2. Messerzinken,
3. Zinken für Kartoffel- und Saateggen,

4. Zinken für Feineggen,
5. Zinken für Zick-Zack-Eggen und S-Ackereggen.

Von den Wieseneggen ist besonders das System „Laacke" bekannt. Unsere Abb. 38 veranschaulicht die „Monachia"-Stahlzahn-Wiesenegge „System Laacke", während Abb. 39 die Form des

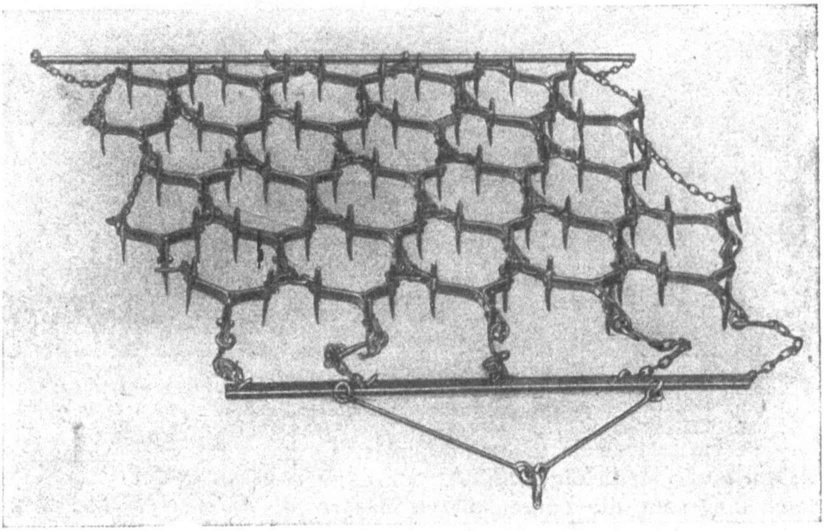

Abb. 38. Monachia-Stahlzahn-Wiesenegge „System Laacke"

Zinkens und des Eggengliedes und das Verbindungsstück der Eggenglieder zeigt. Eine selbstreinigende „Monachia" - Sterngliederwieseregge mit drehbaren doppelten Zinkensternen zeigen wir schließlich noch in Abb. 40, während Abb. 40 a das Bild eines Zinkensterns gibt.

Abb. 39. Zinkenform zu Abb. 38.

Die Hauptreparaturen an Eggen erstrecken sich auf die Zinken. Wie schon gesagt, müssen die Spitzen alle in einer Ebene liegen; stark abgenutzte Zinken sind also durch neue zu ersetzen. Stumpf gewordene sind neu auszuschmieden, zuzuspitzen und zu härten. Es leuchtet ein, daß bei Eggenzinken nur eine Oberflächenhärtung in Frage kommen kann; die Zinken werden durch heftige Stöße beansprucht, sie müssen also an der Oberfläche möglichst glashart sein, während der Kern zäh sein soll, damit ein Abbrechen infolge Sprödigkeit vermieden wird. Am besten verwendet man zur Herstellung von Eggenzinken einen zur Einsatzhärtung geeigneten Martin-Stahl. Leider findet man oft recht minderwertige

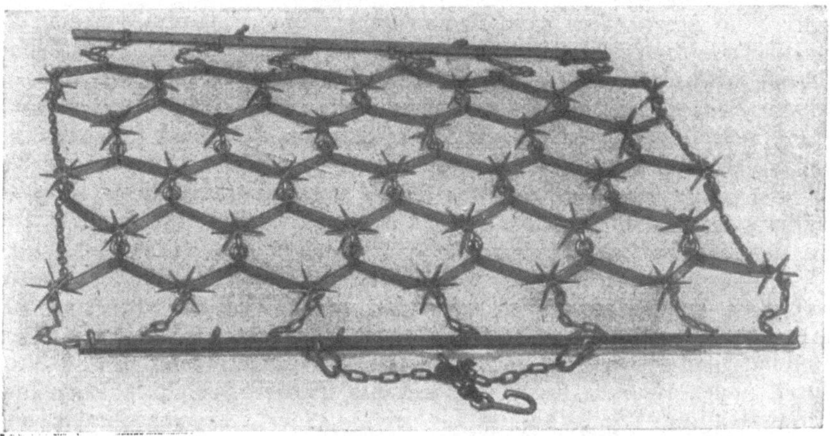

Abb. 40. Selbstreinigende Sternglieder-Wiesenegge

Eggenfabrikate, deren Zinken häufig aus ganz gewöhnlichem Eisen bestehen. Hat man nur einige wenige Zinken zu härten, so eignet sich die in Band I unserer Sammlung beschriebene Oberflächenhärtung mit der auf Acetylen-Ueberschuß eingestellten Schweißflamme recht gut; dieses Verfahren eignet sich ferner zum Härten

Abb. 40a. Zinkenstern zu Abb. 40

der Glieder-Verbindungsteile, der Zughaken und Kettenglieder, zum Härten von Zapfen und Bolzen und dergl. Wer sich aber mit der Zinkenherstellung im großen befassen will, was sich natürlich nur bei sehr gutem Absatz verlohnt, der muß zur üblichen Einsatzhärtung oder zur Oberflächenhärtung im Salzbad greifen. Als Salzbadhärtung empfiehlt sich besonders das Durferrit-Verfahren der Deutschen Gold- und Silberscheideanstalt, vorm. Roeßler in

Frankfurt a. M., das dem Verfahren mit Einsatzkasten wirtschaftlich weit überlegen ist. Die Einsatzhärtung wird im großen und ganzen folgendermaßen vorgenommen: die zu härtenden Stellen werden zunächst metallisch rein gemacht, Teile, die weich bleiben sollen, werden durch entsprechende Bedeckung mit Lehm oder Asbest vor der Wirkung des Einsatzmittels geschützt. Als Einsatzmittel empfiehlt sich gepulverte Lederkohle oder eine innige Mischung von drei Gewichtsteilen trockener, feingepulverter Holzkohle und einem Gewichtsteil Bariumkarbonat. Hierin werden die einzusetzenden Stücke in gut schließenden Glühkisten oder Glührohren luftdicht verpackt. Die so verpackten Stücke werden in einem Ofen mit andauernd gleichmmäßiger Hitze (Muffel- oder Gasofen) auf Rotglut, also auf ungefähr 850 bis 880 Grad C. gebracht und auf dieser Hitze zwei bis vier Stunden gehalten. Nach der Erhitzung läßt man die Stücke in der Verpackung erkalten. Zweckmäßig erhitzt man dann die Stücke nochmals auf Rotglut und härtet sie dann in kaltem Rüböl.

Im übrigen wird es in den meisten Fällen für die Reparaturwerkstatt empfehlenswerter sein, die neuen Zinken von der Erbauerfabrik zu beziehen. Auch sonst abgenutzte Teile, wie Verbindungsglieder und Eggenglieder selbst, ersetzt man am besten durch neue, die man ebenfalls von der Fabrik bezieht. Auch hier lohnt sich eine Selbstherstellung nicht. Die Auswechselungsarbeit gestaltet sich durchweg einfach, vorausgesetzt, daß man die zu dem Fabrikat und der jeweils vorliegenden Type entsprechenden Ersatzteile bezogen hat. Man muß sich die Ersatzteile zu den in seiner Gegend hautsächlich verbreiteten Typen in größerer Anzahl stets auf Lager halten, wenn man die anfallenden Reparaturarbeiten prompt erledigen will. Die sonst noch auftretenden Reparaturen sind durchweg einfache Schmiedearbeiten. Manchmal kann man bei abgenützten Zughaken, Zapfen, Rahmen und dergl. durch Auftragen von Neumetall (siehe Heft I) Abhilfe schaffen.

Die Walzen und auch die Schleifen dienen zum weiteren Zerkleinern der Schollen und zum Ebnen des Ackers. Nennenswerte besondere Reparaturen kommen an ihnen nicht vor.

Anhang zu Kapitel I und II.

Ersatzteile, die zweckmäßig auf Lager gehalten werden.

Von Gespannpflügen hält man sich hauptsächlich Schare, Riester und Sohlen von den Marken, welche in der betreffenden Gegend vorwiegend gebraucht werden, auf Lager, und zwar ist die Mengenverteilung derart, daß auf 10 Stücke 7 Schare, 2 Sohlen und 1 Riester kommen. Ferner empfiehlt es sich, einige Messerseche herzulegen, ebenso zwei Einheitsnaben mit Verschlußkapseln, einige Röhrkapseln mit Stift, Spannschlösser zur Selbstführungsdoppelkette, dann Schar-,

Riester- und Sohlenschrauben, sowie sonst verschiedene Pflugschrauben.

Von dem in Abbildung 18 dargestellten Sackschen Pflug hält man sich, um dem Leser ein anschauliches Beispiel zu geben, nachstehende Teile auf Lager:

Schare, Panzerplatten, Sohlen (rechts) mit zwei Schrauben, Anlage (links), Vorschneiderschare, Vorschneider-Panzerplatten, Leiervorstecker mit Kette, linke Achsschenkel mit Achsmuttern (Linksgewinde), Achsschenkelklammern mit zwei Muttern, Gründellager (mit zwei Knie-Vorsteckern und Gussattel), Stellrahmenklammern mit Muttern, Doppelmuttern, vollständige Doppelketten, Mutterschlüssel, Scharschrauben, Anlageschrauben, Plattenschrauben.

Für Eggen kommen zur Lagerhaltung hauptsächlich Zinken in Frage. Für Kultivatoren: kompl. Federzinken, Hauptfedern und Hilfsfedern zu Federzinken, gewöhnliche Schare und Gänsefußschare, für Federzinken zum Auswechseln Zinkenbefestigungen.

Kapitel III.

Die Siemens-Bodenfräse und ihre Reparatur.

Die modernste Bodenbearbeitungsmaschine, die die Arbeit des Pfluges, der Egge, des Grubbers in einem Arbeitsgang zusammenfaßt, ist die Bodenfräse, eine Maschine, die den Boden mit Hilfe rotierender Werkzeuge aufreißt, lockert, durchmischt und krümelt. Die motorische Kraft wird bei dieser Maschine nicht mehr zum Nachschleppen eines in den Boden einschneidenden Pflugschars verwandt, sondern direkt auf eine quer zur Fahrtrichtung gelagerten Welle übertragen, um welche die eigentlichen Arbeitswerkzeuge kranzförmig gelagert sind. Die Werkzeuge üben eine nachschiebende Wirkung aus; Adhäsionsschwierigkeiten fallen bei der Fräse fort.

Die erste in Deutschland bekanntgewordene Bodenfräse ist der Landbaumotor, System Lanz-Köscegy. Bei dieser Maschine waren die hauenartigen Fräswerkzeuge starr, während bei den modernen Bodenfräsen der Siemens-Schuckertwerke, Berlin, die Werkzeuge nach dem Patent des Schweizer Erfinders Konrad von Meyenburg elastisch sind und die Form von Krallen bzw. Haken aufweisen. (Vgl. Abb. 41.) Der Sinn der federnden Anordnung ist der, daß die

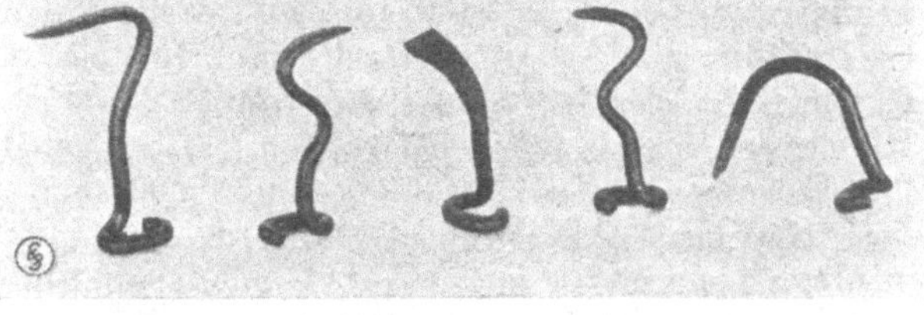

Abb. 41 Die verschiedenen Werkzeugformen der Kleinfräse

Werkzeuge beim Auftreffen auf Hindernisse nach hinten, in beschränktem Maße aber auch nach beiden Seiten ausweichen können, daß sie sich ferner bei der Arbeit dauernd in Schwingungen befinden und daher selbst auf schweren, nassen Böden noch eine krümelnde Wirkung ausüben.

Die Siemens-Schuckertwerke haben zwei Standard-Typen der Bodenfräse entwickelt, die Gutsfräse und die Kleinfräse. Die Gutsfräse, Type G. 3, hat einen traktorähnlichen, aber rahmenlosen Aufbau. Der Getriebekasten bildet zugleich den Rumpf des Fahrzeuges und umschließt zum Unterschied von anderen Bauarten alle Getriebeteile einschließlich der großen Uebersetzungsstufe auf der Triebradachse öl- und staubdicht. Der Motor steht auf freitragender Konsole, so daß Verwindungen auf unebenem Gelände auf den Motor ohne Einfluß sind. Getragen wird die ganze Maschine durch zwei Triebräder und ein Lenkrad, das vom Führersitz aus durch Handrad gesteuert wird. Die Maschine besitzt einen 35 PS-Vierzylinder-Viertakt-Kemper-Motor mit Wasserkühlung, Pallasvergaser und Magnetzündung mit Abschnappkupplung. Die Umdrehungszahl beträgt 1050. Das Fahrgetriebe ermöglicht drei Vorschub-Geschwindigkeiten, und zwar 45, 60 und 105 cm in der Sekunde. Außerdem ist ein Rückwärtsgang vorhanden. Die Einstellung der Geschwindigkeiten geschieht mit Handhebel vom Führersitz aus in bekannter Weise. Die Triebräder haben eigenartige Greifer mit Gummieinlage, die sich gleich gut für Straßenfahrt wie für den Acker eignen und nicht ausgewechselt oder verstellt zu werden brauchen. Die Triebräder sind vom Führersitz aus durch Pedale einzeln auskuppelbar, wodurch ein Wenden der Maschine auf der Stelle ermöglicht wird.

Im Frässchwanz ist in einem mit Kugelgelenk am Getriebekasten allseitig beweglich angebrachten hohlen Ausleger nach beiden Seiten freitragend die Fräswalze quer zur Fahrtrichtung gelagert. Diese Fräswalze wird durch ein Kegelradgetriebe, das öl- und staubdicht in dem Ausleger untergebracht ist, angetrieben, und trägt die für die Siemens-Schuckert-Fräsen charakteristischen Werkzeuge. Sie bestehen aus den eigentlich arbeitenden und leicht auswechselbaren „Haken", und dem nachgiebigen Teil, den „Federn". Als besonders bemerkenswerte Eigenschaft muß die Selbstschärfung dieser Werkzeuge hervorgehoben werden. Die ganze Anordnung ist durch ein aufklappbares Schutzdach abgedeckt, dessen Seitenwände zugleich zur Tiefeneinstellung dienen. Das Heben und Senken des Frässchwanzes erfolgt motorisch und wird vom Führersitz aus durch einen Hebel bewerkstelligt. Die Arbeitsbreite beträgt 160 cm, die Arbeitstiefe je nach Einstellung bis 35 cm. An Stelle des Frässchwanzes kann eine Riemenscheibe angebracht werden, ihre Drehzahl beträgt 500 bzw. 600; Durchmesser der Riemenscheibe 400 mm, Breite der Riemenscheibe 180 mm. Als Brennstoff wird verwendet: Benzin, Benzol, Benzolspiritus und — mit einer besonderen Vorrichtung — Petroleum. Verbrauch etwa 6 bis 9 kg je Morgen nach Bodenart und

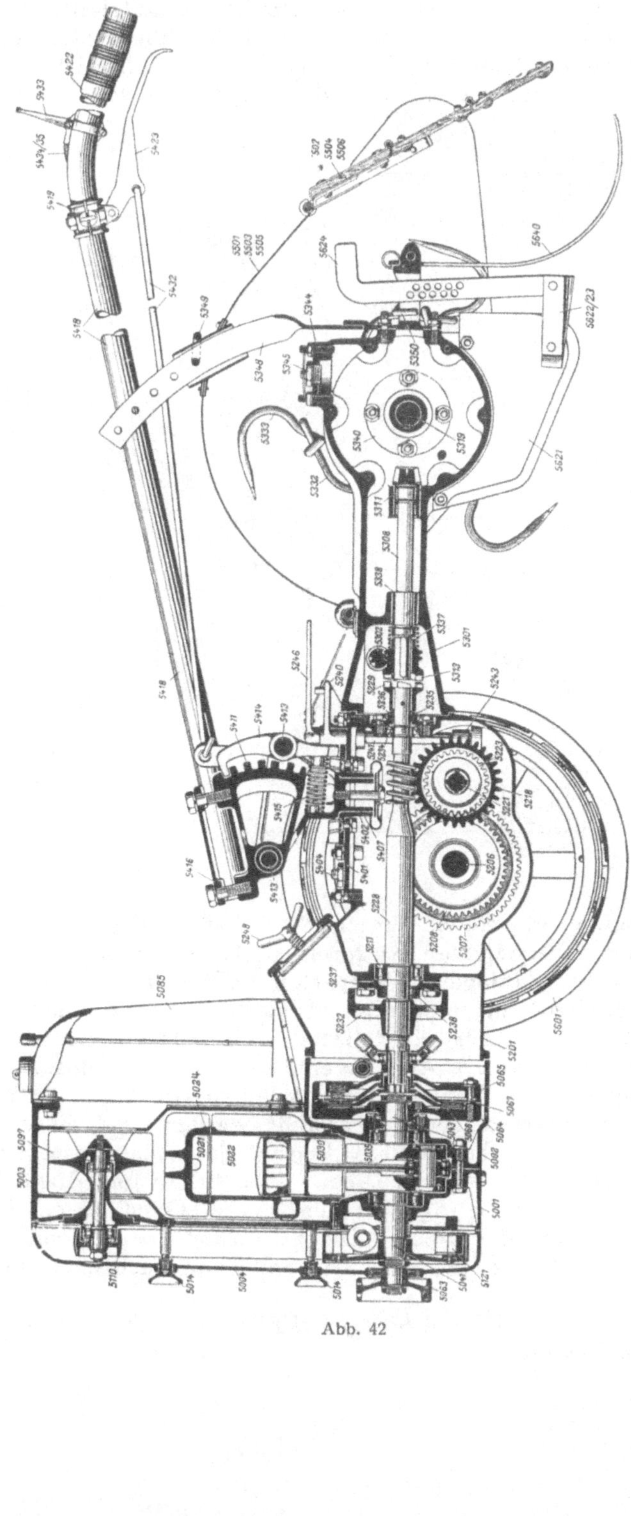

Längsschnitt durch Siemens Kleinfräse
Type K V

Abb. 42

Arbeitstiefe. Gewicht der Maschine 2350 kg. Arbeitsleistung: 10 bis 20 Morgen täglich je nach Arbeitstiefe und Bodenbeschaffenheit.

Die Siemens-Kleinfräse, Type K. 5, Abb. 42, ist eine nur 250 kg schwere, auf zwei Triebrädern laufende, von einem Mann

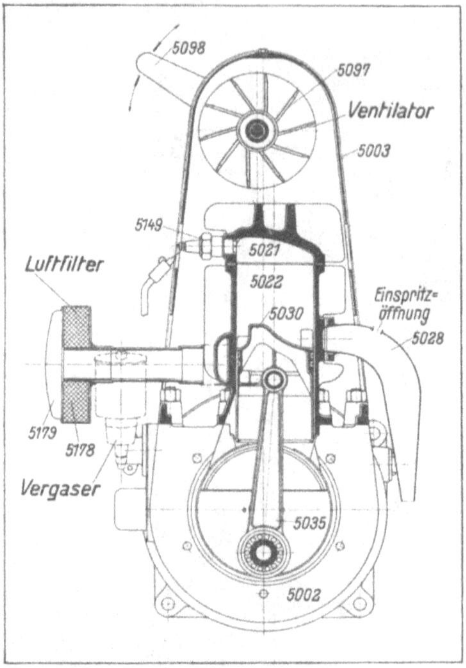

Abb. 43

zu bedienende Maschine für alle Arbeitsaufgaben auf engen Räumen oder zwischen den Kulturen, in Gärtnereien, Baumschulen. Obst- und Tabakplantagen, Weingärten und in der Forstwirtschaft. Sie ist ausgerüstet mit einem leicht zu bedienenden, luftgekühlten 5 PS-Zweitaktmotor, der eine glatte abgerundete Form zeigt und dadurch den besonderen Arbeitsverhältnissen in Baumschulen und Gärten angepaßt ist. Abb. 43. Die Arbeitsbreite kann für Flächen- oder Hackarbeit verschieden eingestellt werden, und zwar auf 70, 50 und 40 cm. Die Arbeitstiefe beträgt je nach Einstellung und Bodenbeschaffenheit 15 bis 25 cm. Als Brennstoff dient Benzin. Die Geschwindigkeit beträgt auf dem ersten Gang 28 cm-Sek, auf dem zweiten Gang 65 cm-Sek. Die Steuerung der Maschine erfolgt durch zwei Lenkholme, die nach der Seite und auch nach vorn verstellbar sind.

Arbeitsleistung: 2 bis 4 Morgen täglich je nach Arbeitstiefe und Bodenbeschaffenheit.

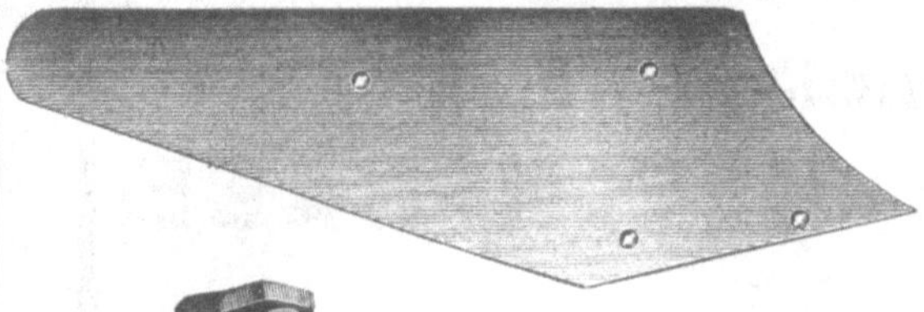

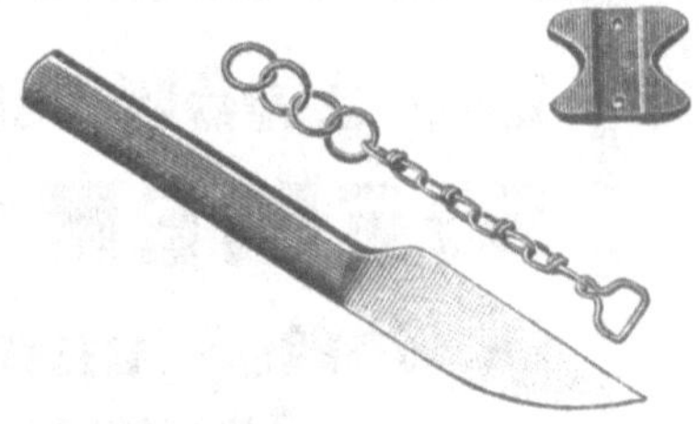

Der Wert eines Ersatzteiles liegt in der Güte des Materials und in der exakten Art seiner Herstellung.

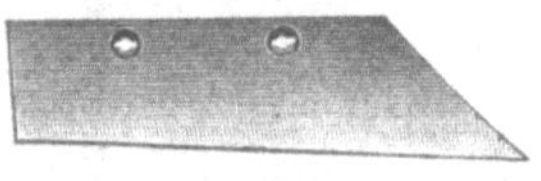

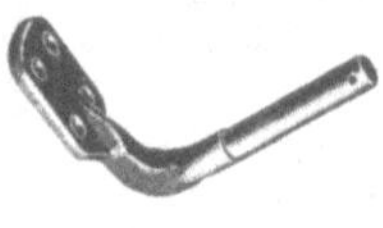

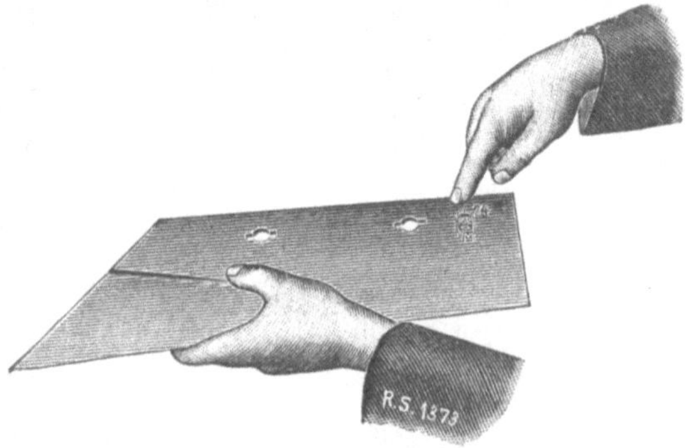

Verlangen Sie daher beim Kaufe von Ersatzteilen stets **Sack-Originalteile,** nur diese verbürgen Ihnen guten Gang Ihrer Geräte. Und **überzeugen Sie sich,** ob auf dem Stahl die **Schutzmarke** eingepreßt ist. Falls Ihnen trotzdem nachgemachte Teile geliefert werden sollten (Gewicht- und Qualitätsunterschied), bitten wir Sie, uns freundlichst zu benachrichtigen.

RUD. SACK

BODENBEARBEITUNGSGERÄTE · LEIPZIG

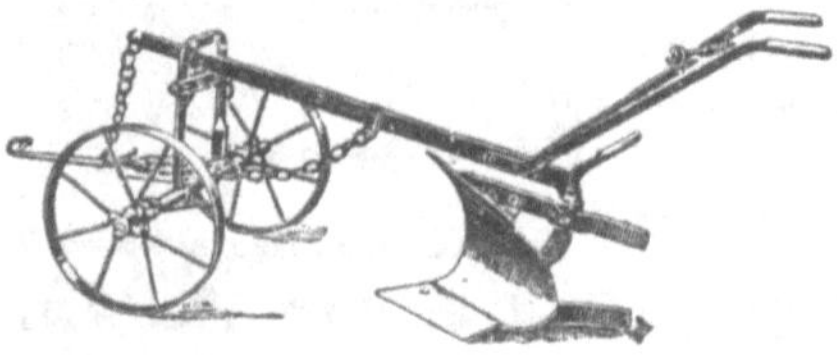

Druck von Rosenthal & Co. Berlin NW 21

FSC
www.fsc.org
MIX
Papier | Fördert
gute Waldnutzung
FSC® C083411

Zeitfracht Medien GmbH
Ferdinand-Jühlke-Straße 7
99095 Erfurt, Deutschland
produktsicherheit@kolibri360.de